LE CONGRÈS INTERNATIONAL DE STATISTIQUE

QUI DOIT SE TENIR

À FLORENCE LE 29 SEPTEMBRE 1867

ET LES SIX JOURS SUIVANTS.

RAPPORT

SOUMIS A LA JUNTE ORGANISATRICE

SUR LE PROGRAMME

DE LA VIme SESSION DU CONGRÈS INTERNATIONAL DE STATISTIQUE

PAR

LE DR PIERRE MAESTRI

DIRECTEUR

DU BUREAU ROYAL DE STATISTIQUE.

FLORENCE,

IMPRIMERIE DE G. BARBÈRA

1867.

CONTENU.

SON ALTESSE ROYALE

LE PRINCE HÉRÉDITAIRE HUMBERT DE SAVOIE

A CONSENTI A ÊTRE

LE PRÉSIDENT DU CONGRÈS.

MEMBRES

DE LA

JUNTE ORGANISATRICE POUR LA SIXIÈME SESSION

DU CONGRÈS INTERNATIONAL DE STATISTIQUE.

Président.

LE MINISTRE DE L'AGRICULTURE, INDUSTRIE ET COMMERCE.

Vice-Président.

LE PRÉSIDENT DE LA JUNTE CONSULTIVE DE STATISTIQUE DU ROYAUME
LE COMTE JEAN ARRIVABENE

Membres.

ALLIEVI A.

ARRIVABENE comte J., Sénateur, President de la Junte consultive de Statistique.

AXÉRIO J., Ingénieur dans le Corps R. des mines.

BARBAVARA DI GRAVELLÒNA J., Directeur-général des Postes, Sénateur.

BAROFFIO F., Docteur Directeur militaire.

BAUDI DI VESME C., Sénateur.

BERTI D., Professeur.

BIANCHI N., Professeur, Membre du Conseil supérieur de l'Instruction publique.

BIFFI Dr S.

BIXIO N., Lieutenant-général, Député.

BONAÌNI F., Surintendant des Archives de la Toscane.

BONCOMPAGNI C., Député.

BOCCARDO J., Professeur, Président des Instituts techniques supérieurs de Gênes.

BRIOSCHI F., Professeur, Président de l'Académie scientifico-littéraire de Milan.

Bucchia T., Professeur, Capitaine de frégate.

Busacca R., Conseiller d'Etat.

Cadorna C., Conseiller d'État, Sénateur.

Cambray-Digny comte G., Syndic de Florence, Sénateur.

Cantoni J., Professeur, Recteur de l'Université R. de Pavie.

Carina D., Professeur d'Economie politique dans l'Institut technique de Florence.

Carlotti D., Conseiller de Préfecture.

Casaretto M., Président de la Chambre de Commerce de Gênes, Député.

Castiglioni Dr C., Directeur de l'Hospice des aliénés, Milan.

Cattaneo C., Professeur.

Ciconi I. D., de Udine.

Cibrario comte L., Ministre d'État, Sénateur.

Cocastelli A., Président de l'Académie Virgilienne de Mantoue.

Comisetti J. A., Président du Conseil supérieur militaire de Santé.

Corradi A., Professeur.

Correnti C., Conseiller d'État, Député, Membre de la Junte consultive de statistique.

Corsini prince T., Duc de Casigliano, Député.

De Bartolomeis L., Colonel, Turin.

De Falco J..

De Genova di Pettinengo comte I., Lieutenant-général.

Devaux A., Chef du service de la comptabilité et du contrôle des chemins de fer de la Haute-Italie.

Devincenzi J., Directeur du Musée R. Industriel de Turin, Député.

Du Jardin Dr J.

Fava A., Professeur, Conseiller d'État.

Falconcini comte H., Membre de la Junte consultive de statistique.

Fenzi C.

Ferrara F., Professeur, Conseiller de la Cour des comptes.

Finali G., Secrétaire général du Ministère des Finances, Député.

Fiorelli J., Sénateur.

Galeotti L., Avocat.

Gar T., Bibliothécaire de l'Université R. de Naples.

GRATTONI S., Ingénieur, Député.

GUERRIERI A., Député.

LAMPERTICO F., Député.

MAESTRI Dr P., Directeur du bureau de statistique générale du Royaume.

MANCINI S., Professeur, Député.

MANTEGAZZA P., Professeur.

MAUROGONATO PESARO T., Député.

MELEGARI A., Conseiller d'État, Sénateur, Membre de la Junte consultative de statistique.

MENEGHINI A.

MOLOSSI L.

MONTANO J., Directeur général au Ministère de la Marine.

MORANDINI J., Directeur des chemins de fer Livournais.

NEGRI C., Consul général à l'étranger, Inspecteur des consulats.

PARETO marquis R., Chef de Division au Ministère de l'Agriculture, de l'Industrie et du Commerce.

PEPOLI marquis J., Membre de la Junte consultative de statistique, Député.

PERAZZI C., Ingénieur, Inspecteur-général au Ministère des Finances.

PETITTI BAGLIANI DI RORETO comte A., Lieutenant-général, Député.

PISANELLI J., Député.

PROTONOTARI F., Professeur.

RABBINI A., Directeur du Cadastre, Membre de la Junte consultative de statistique.

RANUZZI H.

RESTELLI F., Député.

REY G.

RICCI marquis F. J., Lieutenant-général, Chef du Bureau supérieur du Corps R. de l'État-Major, Membre de la Junte consultative de statistique.

RIZZETTI Dr J.

ROSA G.

RUVA D., Ingénieur des chemins de fer méridionaux.

SAGREDO comte A., Sénateur.

SCIALOJA A., Professeur, Ministre des Finances, Membre de la Junte consultative de statistique.

SCLOPIS DI SALERANO comte F., Ministre d'État, Sénateur.

SELLA Q., Professeur, Député.

SISMONDA A., Sénateur, Membre de la Junte consultative de statistique.

SOMMEILLER J., Ingénieur, Directeur en Chef des travaux du percement des Alpes, Député.

STRAMBIO Dr G.

TABARRINI M., Conseiller d'Etat.

TARGIONI-TOZZETTI Dr A., Professeur à l'Institut des études supérieures pratiques et de perfectionnement de Florence.

TORELLI L., Sénateur.

TORRE F., Major-général de l'État-major, Directeur-général du recrutement, etc., au Ministère de la guerre, Député.

TORRIGIANI P., Professeur, Député.

VANNESCHI G.

VERGA Dr A.

VILLARI P., Membre du Conseil supérieur de l'instruction publique.

ZUCCAGNI-ORLANDINI A., Professeur de statistique à l'Institut des études supérieures et de perfectionnement de Florence, Membre de la Junte consultative de statistique.

RELATION AU ROI

DU MINISTRE DE L'AGRICULTURE, INDUSTRIE ET COMMERCE

SUR L'ARRÊTÉ ORGANIQUE DE LA JUNTE CHARGÉE DE PRÉPARER LE PROGRAMME DU CONGRÈS.

SIRE.

Quelques hommes dévoués aux institutions statistiques ayant été consultés, en 1853, par un illustre savant, décidèrent de se réunir en congrès périodiques, congrès, oú, dans la suite, intervinrent, successivement, les délégués et les Commissaires officiels des divers États de l'Europe, dans le but de donner aux statistiques officielles une marche uniforme, et d'obtenir, au moyen d'une méthode vraiment scientifique, l'observation des faits politiques, économiques et sociaux.

Ces réunions de savants, qui acquéraient ainsi le caractère et le titre de congrès internationaux de statistique, furent chaleureusement invitées par les capitales les plus considérables de l'Europe où elles furent, ensuite, accueillies avec les démonstrations les plus honorifiques. Et, Votre Majesté le sait bien, puisque le gouvernement des Etats Sardes, et plus tard, celui du Royaume d'Italie, envoyèrent à Bruxelles, à Paris, à Londres et à Berlin des commissions qui devaient y représenter les études italiennes de statistique, faire connaître ce qui avait été fait chez-nous d'officiel sur ce sujet, et concourir, de concert avec le commissaires des autres gouvernements, aux décisions des mesures nécessaires au progrès des institutions statistiques.

Durant le Congrès international de 1863, siégeant à Berlin, quelques gouvernements, et entr'autres, celui d'Italie, mûs par une noble émulation, manifestèrent le désir d'accueillir dans leurs Etats la prochaine réunion des statisticiens. L'Italie, ce qui est pour elle un grand honneur, obtint la préférence ; et il vient d'être signifié, au gouvernement de Votre Majesté, que la réunion du Congrès international de statistique sera célébrée, en 1866, dans la capitale du Royaume.

Cette nouvelle preuve de sympathie et de respect que l'Europe savante donne à l'Italie reconstituée, est, certes, d'un très-bon augure, et Votre Majesté en est d'autant plus touchée, que, non seulement elle espère voir accourir à la sixième assemblée des statisticiens, les hommes les plus illustres et les plus remarquables dans les études sociales, mais encore, elle a la confiance, qu'aucun des gouvernements habitués à se faire représenter dans les autres sessions du Congrès, ne voudra manquer à une *invitation* faite au nom de la science et de la civilisation, et acceptée, avec une faveur si marquée, par le vote sympathique de la Présidence du Congrès de Berlin.

Il est, maintenant, du devoir du gouvernement de Votre Majesté, de prendre les dispositions qu'il jugera nécessaires, pour que la solennité scientifique qui, dans quelques mois, doit être célébrée à Florence, soit digne de notre pays, féconde pour nos institutions et conforme à l'attente de l'Europe. Notre tâche n'est certes pas sans gravité.

En effet, les Italiens, après avoir précédé tous les autres peuples européens dans les travaux statistiques, comme dans la plupart des institutions civiles, ont été fatalement contraints, durant la longue période des influences étrangères, à rester éloignés des épreuves de la vie politique, et à étudier, par conséquent, les faits sociaux dans le champ, trop restreint, des expériences municipales ou privées. Ce n'est donc, que dans les états de vos aïeux et sous le règne de Votre Auguste Père, que les études statistiques redivinrent de raison publique et que les institutions qui y avaient trait se répandirent ensuite, il y a quelques années à peine, avec la constitution de l'unité nationale. Quelques efforts que votre gouvernement ait faits, pour activer les recherches statistiques, la brièveté du temps nous enlève toute espérance de pouvoir rivaliser, pour l'abondance des travaux et des publications, avec ces états qui, déjà, depuis une longue suite d'années, ont ajouté à la vaste expérience de la vie politique les bienfaits d'une large publicité. C'est pourquoi, le gouvernement de Votre Majesté se propose de recourir aux Académies et aux sociétés de savants qui, en Italie, abondent plus qu'en nul autre pays du monde, afin que, soit par des travaux spéciaux, soit par l'envoi de députations, elles puissent concourir à l'honneur et au profit de la nouvelle solemnité scientifique.

Mais, en attendant, il est urgent de procéder à la formation d'une Junte, composée d'un nombre suffisant de hauts fonctionnaires et de savants auxquels sera confiée la tâche de préparer les matières pour les futures discussions de la sixième session du Congrès, qui devra traiter et résoudre les questions proposées dans le Congrès précédent et laisser en héritage, au Congrès suivant, d'autres études et d'autres questions.

Les cinq réunions qui ont eu lieu, jusqu'ici, ont toujours été accueillies, par les gouvernements qui les avaient appelées, avec cette bienveillance que mérite, non seulement le but élevé auquel elles tendent, mais encore la condition spéciale de l'intervention des délégués des Gouvernements qui, de toutes les parties de l'Europe et même de l'Amérique, accourent dans une louable intention de concorde civile. C'est pour ces motifs, qu'à l'exemple de ce qui s'est fait en Angleterre et en Prusse, le référant prie Votre Majesté de vouloir bien accorder la présidence générale du Congrès Florentin à Votre Auguste Fils aîné qui, de la sorte, pourra continuer aussi dans les arts de la paix, les glorieuses traditions de Votre Dynastie.

VICTOR EMMANUEL II

PAR LA GRACE DE DIEU ET LA VOLONTÉ DE LA NATION

ROI D'ITALIE

Vu la délibération par laquelle le bureau du cinquième Congrès International de statistique choisissait la Capitale du Royaume d'Italie pour siége du VIe Congrès statistique;

Vu la convenance de donner, dès à présent, les dispositions opportunes, afin que cette assemblée soit digne de la Nation et corresponde au but scientifique qu'elle se propose;

Sur la proposition de Notre Ministre de l'Agriculture, de l'Industrie et du Commerce,

Avons décrété et décrétons ce qui suit:

Art. 1. — Il est constitué, sous la Présidence du Ministre de l'Agriculture, de l'Industrie et du Commerce, une Junte Supérieure, chargée de préparer le programme des questions à soumettre au Congrès et de nous proposer toutes dispositions propres à faciliter ses travaux.

Art. 2. — La Junte est composée des personnes comprises dans la liste ci-jointe, signée, d'après notre ordre, par le Ministre de l'Agriculture, de l'Industrie et du Commerce.

Art. 3. — Est laissée la faculté au Ministre de l'Agriculture, de l'Industrie et du Commerce, de choisir, parmi les membres du Comité, la personne qui devra le suppléer, en son absence.

Notre Ministre de l'Agriculture, de l'Industrie et du Commerce est chargé de l'exécution du présent Décret, qui sera enregistré à la Cour des Comptes.

Fait à Florence, le 25 Janvier 1866.

VICTOR EMMANUEL.

Berti.

VICTOR EMMANUEL II

PAR LA GRACE DE DIEU ET LA VOLONTÉ DE LA NATION,

ROI D'ITALIE

Vu la délibération du bureau du 5e Congrès international de statistique qui choisit la ville de Florence pour siége de la sixième Session;

Voulant donner une marque de l'intérêt que nous prenons au progrès des études statistiques;

Sur la proposition de Notre Ministre de l'Agriculture, de l'Industrie et du Commerce;

Avons décrété et décrétons ce qui suit :

ARTICLE UNIQUE.

Notre bien aimé fils HUMBERT DE SAVOIE, PRINCE DE PIÉMONT, est nommé Président Général de la sixième Session du Congrès International de statistique qui se réunira à Florence, dans le courant de cette année.

Notre Ministre de l'Agriculture, de l'Industrie et du Commerce est chargé de l'exécution du présent Décret qui sera enregistré à la Cour des Comptes.

Fait à Florence, le 25 Janvier 1866.

VICTOR EMMANUEL

BERTI.

BUREAUX PROVISOIRES DES SECTIONS.

---

1. Section: **Théorique et Technique de la Statistique.**

Zuccagni-Orlandini Comm. Attille, *Président.*

Brioschi Prof. François — Carina Prof. Dino — Cordova Prof. Philippe — Ferrara Prof. François — Molossi Chev. Laurent — Rey Guillaume — Negri Prof. Christophe — Protonotari Prof. François, *Commissaires.*

2. Section: **Topographique.**

Sismonda Prof. Ange. *Président.*

Axerio Ing. Jule — Cantoni Prof. Jean — Cattaneo Prof. Charles — Pareto Marq. Raphaël — Perazzi Ing. Costantin — Targioni-Tozzetti Doct. Adolphe — Torelli Comm. Louis — De Bartolommeis Louis Colon. — Devaux Adolphe — Grattoni Ing. Séraphin — Morandini Ing. Jean — Ruva Ing. Denis — Sommeiller Ing. Jacques, *Commissaires.*

3. Section: **Statistique Agricole.**

Rabbini Comm. Antoine, *Président.*

Baudi di Vesme Charles — Devincenzi Joseph — Jacini Étienne, Ministre des Travaux Publics — Restelli Avoc. François — Sella Prof. Quintin — Torrigiani Prof. Pierre — Lampertico Député F., *Commissaires.*

4. Section: **Statistique Communale.**

Correnti Comm. César, *Président.*

Carlotti David — Castiglioni Doct. César — Corradi Prof. Alphonse — Dujardin Doct. Jean — Galeotti Avoc. Léopold — Ranuzzi Annibal — Rizzetti Doct. Joseph — Verga Doct. André — Boncompagni Charles — Cadorna Sénateur Charles — Strambio Doct. Gaétan — Ciconi J. D. — Sagredo Comte A., *Commissaires.*

5. Section: **Statistique de la circulation monétaire et fiduciaire.**

Scialoja Comm. Antoine, *Président.*

Allievi Antoine — Arrivabene Comte Jean — Boccardo Prof. Jérôme — Busacca Raphaël — Casaretto Michel — Finali Avoc. Gaspard — Meneghini André — Maurogonato-Pesaro Député J., *Commissaires.*

6. Section: **Statistique morale et judiciaire.**

Melegari Avoc. Amédée, *Président.*

Biffi Doct. Séraphin — Mancini Prof. Stanislas — Mantegazza Prof. Paul — Pisanelli Joseph — Sclopis di Salerano Comte Frédéric — Tabarrini Marc — Vanneschi Gaétan — Guerrieri Anselme — De Falco Jean, Ministre de Grâce et de Justice, *Commissaires.*

7. Section: **Statistique militaire.**

Ricci Marq. Joseph François Lieutenant-général, *Président.*

Bixio Général Nino — Bucchia Cap. Thomas — Comisetti Jean Antoine — De Genova di Pettinengo Général Comte Ignace, Ministre de la Guerre — Petitti Bagliani di Roreto Général Comte Augustin — Torre Général Frédéric — Montano Jacques — Baroffio F. Médec.-direct. militaire, *Commissaires.*

8. Section : **Éducation.**

Falconcini Comte Henri, *Président.*

Barbavara di Gravellona Jean — Bianchi Prof. Nicomède — Cibrario Comte Louis — Fava Prof. Ange — Gar Thomas — Rosa Chev. Gabriel — Villari Prof. Pascal — Bonaini Prof. François — Berti Prof. Dominique — Coccastelli A. — Fiorelli Sénateur J., *Commissaires.*

Comité Exécutif.

Cambray-Digny Comte Guillaume, *Président.*

Corsini Thomas Duc de Casigliano — Fenzi Chev. Charles — Maestri Doct. Pierre, *Commissaires*

Anziani Jean, *Secrétaire.*

DISCOURS D'OUVERTURE

DE M. LE MINISTRE DE L'AGRICULTURE, INDUSTRIE ET COMMERCE

AUX SÉANCES DE LA JUNTE ORGANISATRICE.

MESSIEURS,

Les Congrès statistiques qui, depuis treize ans, ont lieu en Europe, jouissent d'une prérogative sur toutes les autres sociétés de savants, non-seulement parce qu'en automne elles occasionnent de joyeuses réunions, mais encore parce que c'est un moyen de répandre parmi les peuples l'amour et les connaissances des travaux intellectuels. Cette prééminence des Congrès statistiques résulte de la matière qui est tout à la fois plus populaire, plus pratique et plus répandue que toutes les autres, et surtout de ce que tous les gouvernements civilisés ont contribué, peu à peu, par l'entremise de délégués et de représentants, à illustrer ces congrès périodiques, lesquels, sans avoir un but réellement politique, suscitent néanmoins les éléments propres à éclaircir les questions politiques et sociales. Cette considération suffit pour expliquer leur importance progressive, accrue et célébrée par le gouvernement qui offre l'hospitalité et qui, pour ainsi dire, réclame sur ses institutions et sur ses travaux le jugement des personnages les plus compétents en matières économiques et administratives.

Il me semble inutile de vous rappeler qu'il y a deux ans, nos déléguées furent chargés par le Gouvernement Royal de proposer la réunion du Congrès statistique en Italie, malgré les instances de la Suisse et de la Russie pour obtenir la préférence. C'est à l'influence et à la libéralité de l'Allemagne que nous sommes redevables du choix du siége du prochain Congrès, ce qui nous impose le devoir de l'accueillir dignement et honorablement.

Mais la fonction de la Junte ordonnatrice ne consiste pas seulement à seconder le gouvernement dans l'exercice de l'hospitalité:

elle doit surtout s'occuper à préparer les travaux pour les membres du Congrès, en sorte que ces travaux fassent suite à ceux déjà présentés dans les autres Congrès qui les ont transmis, comme par succession, à celui de Florence: elle doit aussi songer à proposer de nouveaux sujets d'études, afin que dans les Congrès futurs, il soit fait mention de nos efforts et de nos succès.

N'oubliez pas, je vous prie, Messieurs, que les réunions publiques du Congrès ne doivent durer qu'une semaine, et qu'en si peu de jours, il sera tout au plus possible de rendre compte des travaux que vous aurez préparés et qui ensuite devront être discutés dans les sections spéciales formées par le Congrès, sections qui, suivant l'usage, devront procéder séparément à leurs travaux, et dans des réunions composées seulement des membres du Congrès.

Il suffit, sans doute, de vous signaler cette disposition du Congrès, pour vous bien convaincre, que dans le travail préparatoire qui vous est confié, réside toute l'importance et tout l'esprit de l'institution. C'est donc à nous de présenter la solution des problèmes proposés dans les autres congrès, de trouver et d'indiquer une nouvelle matière d'études. Dans l'un ou l'autre cas, il est essentiel que par la clarté du langage, l'abondance des notices et l'heureuse concision du style, les savants venus de toutes les parties du monde puissent reconnaître que nous n'avons point perdu la tradition des *connaissances humaines* ni le goût de cette harmonie intime qui ne se manifeste pas moins dans les chefs-d'œuvre des beaux-arts que dans les progrès des sciences.

La Junte préparatoire examinera, dans quelles proportions et de quelle manière les travaux devront être distribués, afin que cette distribution serve à fournir de nombreux renseignements sur les questions déjà traitées, sur les défis pacifiques, portés par un Congrès à un autre Congrès, par une nation à une autre nation, établissant, ainsi, une espèce d'émulation sur les problèmes les plus ardus de l'économie et de la législation. Quant aux questions à soulever, ce qui est exclusivement du domaine de la Junte préparatoire à laquelle les usages précédents donnent toute autorité, il faudrait que ces questions fussent, non seulement présentées de porfil, mais encore qu'elles fussent clairement posées, et même, à mon avis, déjà si bien tracées et développées, qu'elles ne parussent pas résulter du manque de notices, mais provenir, au contraire, d'une intelligence élevée et de la prévision des nombreuses connexions des faits.

Je terminerai en vous rappelant, en cas que cela fût nécessaire, que le principal but des Congrès statistiques, l'entente pratique des résolutions qui doivent être prises en commun, c'est de préparer des observations, des remarques exactes et unanimes qui facilitent heureusement la comparaison et la confrontation des notices sur les faits politiques, économiques et moraux.

Cet exercice, tout à fait impartial, n'embrasse pas la moindre discussion sur la vérité substantielle des faits, et surtout, des théories politiques. Il ne s'applique, et d'un commun accord, qu'à découvrir la meilleure méthode d'observations, la forme la plus claire d'exposition, le procédé le plus rationnel pour apprécier, résumer et classifier les faits individuels.

Nous ne devons donc point appréhender que dans le cours de nos discussions, les problèmes les plus difficiles et les plus contestés, nous exposent à sortir des bornes de cette modération sociale que nous devons tenir à honneur de manifester à nos hôtes.

Du reste, la plus grande gloire, pour cette illustre Assemblée, comme la meilleure manière de lui témoigner tout l'intérêt que lui porte l'Italie régénérée, c'est de la placer sous l'égide et le patronage du Prince Auguste de qui dépendent les plus chères espérances de la nation.

RAPPORT SUR LE PROGRAMME

PAR LE Dr P. MAESTRI.

AVANT-PROPOS.

Pour me conformer au louable usage observé dans les précédents congrès, j'ai cru devoir rédiger un rapport qui, se rattachant aux différents sujets qui ont été traités dans chacune de ces assemblées pût servir de guide à la Commission préparatoire pour les études qui pourront être discutées dans la réunion qui doit avoir lieu à Florence, au mois d'octobre de cette année. Le but que je me suis efforcé d'atteindre, de mon mieux, n'a point été de déterminer l'ordre et le choix des matières, mais de tenir mes collègues au courant des questions déjà entamées, sans avoir été résolues et de celles qui n'ont été que présentées, mais qui ont paru dignes d'être accueillies et encouragées par quelques membres du Congrès. De cette manière, le soin confié à la Commission préparatoire de dresser le plan et de fixer le programme de la prochaine réunion, se trouvera facilité par cette publication.

Le Congrès international de statistique a désormais acquis le degré et l'importance d'une institution européenne : il commence à prendre le caractère important qui doit lui assurer une prééminence scientifique. Il est essentiel que ses traditions soient maintenues, et que la suite de ses idées et de ses travaux ne vienne pas à être interrompue; il faut aussi que du siége choisi chaque fois, par lui, pour ses réunions, il en retire à son profit une plus grande force, et pour ainsi dire, une physionomie particulière. La haute valeur des études statistiques est aujourd'hui appréciée de tous ceux qui se préoccupent des intérêts du pays et du progrès de l'humanité. De même que le Congrès statistique a été accueilli, partout, par des témoignages de la plus grande sympathie, de même, en Italie, elle obtiendra certainement l'assentiment et le concours de tous ceux qui s'occupent de science et d'administration, de tous les hommes qui s'intéressent au progrès des questions sociales.

Florence, 24 mars 1866.

Dr Pierre Maestri.

Le Congrès international de statistique, dont les précédentes assemblées ont eu lieu, à Bruxelles, en 1853, à Paris, en 1855, à Vienne, en 1857, à Londres, en 1860, à Berlin, en 1863, doit se réunir cette année (1866) à Florence. Il importe de rappeller, ici, les motifs qui ont déterminé le choix de la Capitale de l'Italie pour cette importante réunion.

Dans la séance solennelle qui eut lieu, le 12 septembre 1863, à Berlin, lorsqu'il fut question de fixer le lieu de la prochaine assemblée, les délégués italiens, au nom de leur gouvernement, engagèrent les membres du Congrès à porter leur choix sur l'Italie. D'autres lieux avaient déjà été proposés et excitaient les sympathies de plusieurs membres de l'assemblée, tels que Berne et Saint-Pétersbourg, dont les gouvernements avaient aussi sollicité l'honneur d'accueillir les représentants du Congrès scientifique. New-York, en qualité de terrain non européen, d'investigations, inspirait un intérêt spécial. La Suisse, par sa position centrale en Europe et sa neutralité politique, réclamait la préférence, et la pensée de transférer le Congrès en Russie, pays encore étranger à la statistique, avait aussi ses partisans. Ce fut alors que monsieur Pasini, l'un des délégués italiens et dont nous déplorons aujourd'hui la mort, produisit en faveur de l'Italie, les raisons de sentiment pour le berceau des arts et des sciences qui commandent la sympathie, puis il réclama les vues du Congrès sur le spectacle d'un peuple qui renaît à une nouvelle vie, et qui tout en restant attaché à ses propres traditions, s'occupe de les transmettre, en les fortifiant, à l'aide des productions de la science moderne.

Conformément aux précédents admis par l'assemblée, on songea à fixer définitivement la ville où devait se réunir le prochain Congrès. Le choix tomba sur l'Italie et la ville désignée fut Florence. Cette décision, dônt l'Italie se trouve si glorieuse, fut accueillie avec une vive reconnaissance par tous ceux qui s'occupent d'institutions statistiques et économiques. A peine remise d'un pénible mouvement politique auquel les forces intellectuelles furent exclusivement consacrées, l'Italie a reconnu, dans ce témoignage de déférence de la part de si grandes illustrations, un gage d'affection, et selon l'expression d'un de ses membres, *la reconnaissance*, de l'Europe scientifique.

Dès que le bureau de Berlin eut informé le gouvernement italien de cette décision, le Ministre de l'Agriculture, de l'Industrie et du Commerce, dont dépend particulièrement le service de la statistique, obtenait de la signature du Roi, un décret de nomination d'une Junte, qui sous la direction du Ministre, s'occupât à dresser le programme du 6e Congrès et à proposer ce qui peut en faciliter les travaux. Par délibération de monsieur le Ministre, les fonctions exécutives de la Junte ont été confiées à monsieur le Syndic de cette ville, le comte Cambray Digny, à deux illustres conseillers municipaux qui partageront avec lui les soins honorables d'une si grande hospitalité. J'ai été invité, moi aussi, à concourir à cette œuvre en préparant, selon l'usage des Congrès et en ma qualité de Directeur de la statistique générale du Royaume, un rapport sur les travaux qui ont eu lieu dans les précédentes sessions, rapport, destiné à fournir aux membres italiens de l'assemblée, les résolutions qui ont été prises et les vœux qui ont été exprimés durant ces sessions. Mais une autre tâche, encore plus importante, m'est imposée, celle de tracer une esquisse de programme, lequel, après avoir été approuvé par la Junte supérieure de statistique, dût être revisé par la Junte ordonnatrice qui seule a le droit d'arrêter le programme en dernier ressort.

Et d'abord, avant de parler des questions qui, selon moi, devraient réclamer l'attention de la Junte et être examinées, l'une après l'autre, avec solution à proposer aux délibérations du Congrès, je me permettrai d'indiquer celles qui, n'ayant été qu'effleurées et nullement résolues, forment une sorte de succession transmise, par les congrès précédents, à notre prochaine assemblée. C'est le testament de nos aînés; ce sont des vœux, que le respect dû aux traditions scientifiques et un devoir de courtoisie, nous prescrivent de réaliser.

1° Rapport de la Commission internationale sur la réorganisation du Congrès:

2° Sur la manière de déterminer la population de droit, en la déduisant de la population de fait:

3° Solution des questions relatives à l'étendue de la propriété foncière:

Recherches sur l'étendue et les changements des diverses cultures;

a) méthodes d'évaluation et résultats obtenus dans les estimations du revenu net de la propriété foncière;

b) notions sur la division et le mouvement de la propriété, en relation avec son étendue;

c) Nouvelles formes de tableaux (pour la distribution et le mouvement de la propriété), qui permettent, dans tous les pays civilisés, d'établir une statistique de la distribution de la propriété foncière;

d) valeur du capital et sur les dettes de la propriété foncière:

4° Salubrité et mortalité de la popolation civile et militaire;

a) assistance sociale et assurances:

5° Et pour ne rien négliger de ce qui pourrait donner de l'éclat et du relief à l'assemblée, je me suis empressé d'écrire à mes collègues, directeurs des bureaux de statistique à l'étranger, en les engageant à préparer et à me transmettre, le plus tôt possible, le sujet des matières qu'ils jugeraient devoir intéresser le Congrès. Cette mesure m'était suggérée par la pensée d'appuyer le faible contingent de nos études actuelles de la plus large et de la plus féconde expérience des hommes les plus éclairés dans les diciplines statistiques, et plus encore par le désir de conserver, à la réunion, son caractère international.

En effet, quelques-uns de mes sujets, m'ont été suggérés par mes collègues. Si je viens à recevoir d'auters communications de ce genre, je ne manquerai pas d'en rendre compte à Messieurs les Commissaires de la Junte, que ces communications pourront surtout intéresser.

Or, voici les bases du programme tel que je l'ai imaginé.

La Junte ordonnatrice devrait être divisée, comme ci-après, en huit sections, à chacune desquelles serait confiée l'étude d'une suite, plus ou moins nombreuse, de questions homogènes.

Ière Section.

Théorique et Technique de la Statistique.

1° Réorganisation du Congrès international.

2° Costitution des statistiques officielles.

3° Population légale des États.

4° Lois de mortalité et tableaux normales pour les sociétés d'assurance,

5° Nomenclature uniforme de la statistique.

IIme Section.

Topographie.

1° Organisation des stations météorologiques et formation d'une carte diurne d'Europe,

2° Nature, propriété et règlement observé pour l'usage des eaux. Eaux potables, eaux d'irrigation.

IIIme Section.

Statistique agraire.

1° Évaluation du revenu net des cultures et valeurs des produits.

2° Économie du crédit foncier.

3° Statistique du bétail. Production. Importations. Exportations.

IVme Section.

Statistique communale.

1° La constitution démographique et économique des communes.

Vme Section.

1° Statistique de la circulation monétaire et fiduciaire.

VIme Section.

Statistique morale et juridique.

1° Les classes pauvres; les mendiants des rues et à la porte des églises, gens admis dans les ouvroirs et dans les asiles nocturnes et de mendicité, vagabonds, jeunes détenus, réclus libérés, prostituées.

2° Choix de règles uniformes pour recueillir, dans les différents pays de l'Europe, une statistique des rapports juridiques de la famille.

3° Statistique des faillites, et jugements relatifs et de l'influence des différents systèmes de législation sur le crédit commercial.

4° Statistique de la contrainte par corps, en matière civile et commerciale.

5° Statistique des causes de délit.

6° Statistique des délits militaires et maritimes et des jugements relatifs, pour servir d'étude comparative des conditions morales et disciplinaires, des armées permanentes et des marines militaires des différents pays d'Europe, et de l'efficacité des mesures répressives.

VIIme Section.

État militaire.

1° Santé et mortalité de la population civile et militaire.

2° Recherche sur l'alimentation, l'habillement, l'équipement, le logement et le service des militaires de l'armée de terre et de l'armée de mer.

3° Exercices gymnastiques.

4° Formulaires pour les cadres concernant l'état pathologique, l'invalidité et la mortalité des troupes de terre et de mer.

5° Tableau spécial des maladies en rapport avec la durée du service.

VIIIme Section.

Education.

1° Les écoles de beaux-arts. Les musées, les archives, les bibliothèques.

Sur tous les sujets qui pourraient devenir l'objet des discussions et des délibérations du Congrès, même après avoir été approuvés par la Junte ordonnatrice, j'ai jugé convenable, pour rendre le sens plus clair, d'y ajouter quelques considérations générales.

Nul doute que mon esquisse de programme ne soit modifiée et complétée par la docte révision de notre Junte, et alors, le programme adopté, définitivement, par nous sera, il faut du moins l'espérer, digne de l'érudition de l'Italie et des illustres savants à qui nous préparons un noble accueil et une généreuse hospitalité.

La durée du Congrès est de six jours. Les délégués officiels anticipent leur arrivée de quelques jours, afin de se concerter, et cette année surtout, pour conférer sur le rapport concernant l'importante question de l'organisation du Congrès, question qui n'a point été décidée dans le Congrès de 1863. Ausitôt après le discours d'usage pour l'inauguration, l'Assemblée, conformément aux dispositions de son règlement, nomme son bureau définitif et se divise en autant de sections, lesquelles sont tenues, séparément, à examiner et à discuter les questions du programme mises en avant par la Junte ordonnatrice. L'assemblée générale prend connaissance des articles sur lesquels elles ont délibéré, et après un examen préalable, elle les approuve, les modifie ou les annule. Des collègues sont chargés de dresser une nécrologie des membres décédés; et dans les intervalles des séances générales, on fait la lecture des rapports des délégués sur les conditions de la statistique dans les différents pays.

Section I.

THÉORIQUE ET TECHNIQUE DE LA STATISTIQUE.

Réorganisation du Congrès international de Statistique. — Un sujet extrêmement délicat a été proposé et discuté dans l'assemblée de Berlin, celui d'une réorganisation des Congrès de statistique, ayant pour but, tout en tirant profit de l'expérience, d'introduire dans l'institution les réformes propres à en augmenter l'éclat et l'efficacité.

Cependant, à cet égard, aucune délibération n'a encore été prise: seulement il a été convenu de mûrir plus profondément ce projet et d'en confier l'étude à une Junte spéciale internationale composée de Messieurs D'Avila, Berg, Engel, Farr, Ficker, Legoyt, Maestri, Schubat, Ssmenow, Visschers, chargés de préparer un nouveau rapport pour le prochain Congrès. La charge de rapporteur a été confiée à l'un des plus anciens membres des Sociétés statistiques: je ne doute pas que Monsieur Visschers ne remplisse cette tâche de la manière la plus honorable et la plus satisfaisante.

Les vœux exprimés par la Junte ordonnatrice de Berlin peuvent se réduire aux quatre articles suivants:

1° Publier un journal du Congrès pendant toute la durée de ses séances.

2° Dans chaque programme du Congrès, introduire une rubrique intitulée: *Exécution des résolutions prises dans la dernière session.*

3° Donner plus d'importance à la statistique officielle, et prendre des mesures pour que les différentes matières inscrites dans l'ordre du jour du Congrès soient plus amplement traitées, d'une manière officielle.

4° Etablir une Commission permanente du Congrès.

Constitution des statistiques officielles. — Pour que la Statistique puisse atteindre le degré d'importance exigé par la nature de ses institutions, il est nécessaire qu'elle soit organisée dans l'Etat avec des attributions spéciales. Non seulement la statistique doit préparer le matériel convenable et approprié aux spéculations scientifiques, mais elle doit aussi se consacrer aux besoins pratiques et continuels des différentes branches du service public. Les faits sociaux qu'elle recueille sont nombreux et variables, et dans les différentes catégories de recherches auxquelles elle s'attache, il est essentiel qu'elle se trouve guidée pas des jugements sûrs qui impriment à ses résultats le carartère de la véridicité et de l'authenticité. Cependant ces résultats n'ont de valeur qu'autant qu'ils sont poursuivis avec persévérance, en sorte que le changement du phénomène fasse ressortir la constance de la loi sous laquelle il a eu lieu. L'organisation de la statistique d'un État est donc un sujet de la plus haute importance, soit par rapport au but qu'elle se propose, soit à cause de la complexité des matières qu'elle embrasse. Dans les précédents Congrès, ce sujet a été traité à l'égard des Commissions centrales de statistique, et plusieurs fois les assemblées ont émis le vœu qu'elles désiraient voir se réaliser, c'est à dire qu'il y eût unité dans les travaux et qu'ils fussent exécutés selon les règles prescrites par la science.

Il est incontestable que les Commissions centrales, partout où elles ont été instituées, ont parfaitement réussi et que par conséquent elles peuvent être considérées comme le principe d'une haute magistrature statistique chargée de produire les raisons pour l'entreprise des opérations et de veiller à leur stricte exécution. Si la Commission centrale a la prérogative de haute inspection et de direction, le bureau de Direction de la statistique se trouve chargé de la partie exécutive des travaux projetés. Tous deux constituent un département nouveau dans le gouvernement, lequel pour exercer des charges spéciales, doit être investi d'attributions spéciales. L'objet de l'organisation de la statistique consiste précisément à rechercher quelles doivent être les attributions légales du Bureau de statistique, soit à l'égard des autres Bureaux du gouvernement, soit à l'égard de la population dont la coopération est indispensable dans les informations à prendre. L'exactitude des recherches, la précision des dates ne pourront s'obtenir qu'à la condition que le Bureau jouira de cette indépendance qui doit en assurer la garantie. La statistique, une fois posée sur le terrain de la science, doit se trouver à l'abri des influences variables de la politique ; et tout en embrassant l'entière ramification du corps social, et en profitant du concours de toutes les administrations, elle doit conserver sa liberté d'action. Le Congrès est destiné à procurer un ample développement à l'objet de l'organisation de la statistique, soit à cause de l'indépendance de ses attributions, soit à cause de ses relations avec les autres branches administratives.

La population officielle des États. — Le Congrès de Londres, tout en délibérant que les recensements devaient avoir pour base la population de fait, témoignait pourtant le désir que, par des notes spéciales, on tînt également compte de la population de droit, en y comprenant l'armée, la marine nationale militaire et marchande, les matelots-pêcheurs, ainsi que les autres individus momentanément absents.

Le Congrès suivant, celui de Berlin, sur la motion faite par le représentant italien, proposait et admettait, comme sujet à soumettre aux délibérations du prochain Congrès, la proposition ci-après :

« Pour obtenir un recensement qui puisse répondre à tous les besoins de l'administration, il est indispensable de déterminer non seulement la population de fait, mais encore la population de droit de chaque commune et de chaque province. Pour cela, il faut trouver une indication qui serve de règle pour reconstituer la population de droit avec les éléments de la population de fait, ce que l'on obtiendra dans le recensement simultané. »

La question étant ainsi posée, le Congrès de Florence devrait répondre aux demandes suivantes :

1° Pour fixer la population officielle d'un État, doit-on avoir égard à la population de fait ou à celle de droit ?

Mais comme pour répondre d'une manière catégorique à cette première demande, il convient d'expliquer clairement le sens statistique de la population de droit, il faut y ajouter ces autres demandes :

2° Qu'entend-on pour population de droit ?

3° Quels sont les éléments de la population que l'on doit comprendre, quels sont ceux que l'on doit exclure, en reconstituant la population de droit ?

4° Quelles considérations faut-il joindre au projet de recensement pour pouvoir déduire de la population de fait la population de droit?

Nomenclature uniforme de la statistique. — Souvent il arrive que les hommes sérieux et appliqués éprouvent de grandes difficultés pour examiner et apprécier les faits des statistiques étrangères. Cela provient de ce que les mêmes objets ne portent pas partout le même nom et que l'on donne une valeur différente aux choses qui ont une dénomination identique. En un mot, il en est pour la statistique comme pour les monnaies et les poids et mesures. La livre sterling n'est point la livre italienne; le quintal suisse et allemand ne répond nullement au quintal-métrique français et italien. Le tonneau des vaisseaux anglais est tout différent de celui de nos tonneaux nationaux. Il existe des lieues de 15, 18, 20 25 au degré, valant tant de mètres, selon la lieue.

Selon l'ordre des questions statistiques, si vous vous mettez à confronter les dépenses faites par un Gouvernement pour l'instruction secondaire avec celles faites par un autre Gouvernement, pour le même article, vous ne serez dans le vrai qu'après avoir établi que les institutions scolastiques se ressemblent, c'est-à-dire, que dans les deux États l'enseignement secondaire est entièrement à la charge du Trésor public. Sans cette précaution, on courrait le risque de conclure que l'instruction classique est moins répandue en Angleterre qu'en Italie, attendu que son Gouvernement dépense moins que le nôtre, ce qui ne serait point exact, puisque, comme tout le monde le sait, en Angleterre ce genre d'instruction n'est point à la charge du Gouvernement, mais des associations libres.

Ce qui s'applique aux frais du budget de l'instruction peut s'appliquer à tous les autres articles de dépenses faites, soit par les communes, soit par les gouvernements, et dont la valeur, quelle qu'en soit la comparaison, se trouve toujours subordonnée au rapport des institutions politiques et administratives.

Les hommes instruits trouveront qu'il est superflu d'éclaircir de pareilles difficultés. Quoi qu'il en soit, il sera utile à beaucoup de gens de posséder un plan uniforme de nomenclature de la statistique, sur lequel il soit tracé:

1° Un état complet des différences qui existent aujourd'hui, soit pour le nom, soit pour la valeur, entre des faits statistiques internationaux;

2° Une application indiquand pourquoi, parmi des faits, qui tout d'abord sembleraient homogènes, il existe une disparité telle, qu'il est fort difficile, pour ne pas dire impossible, de les comparer.

Ce travail procurerait aux hommes d'État les mêmes avantages que procurent aux commerçants les tables de proportion; et puisque l'étude comparative des faits est sujette à une certaine controverse et entraîne dans des conclusions disparates et même erronées, une fois que la nomenclature de la statistique serait convertie en unité, il deviendrait beaucoup plus facile de comprendre et d'apprécier les choses.

Lois de mortalité et tables normales pour les Sociétés d'assurance. — Ce n'est pas seulement un intérêt scientifique qui nous engage à nous occuper de ce sujet, Il arrive souvent que le Ministère de l'Agriculture, de l'Industrie et du Commerce est sollicité d'autoriser certaines Sociétés d'assurance, et d'en approuver les Statuts et les matières. Mais dépourvu, comme il l'est, de tout moyen d'appréciations, le Ministère se trouve dans l'impossibilité de savoir si ces mêmes Sociétés visent à de trop gros bénéfices, ou si au contraire, pour attirer les gens, elles offrent des conditions qui doivent nécessairement les ruiner. Le public lui-même, le public intelligent qui pretend jouir des avantages de l'assurance, ne peut savoir comment se décider à cette opération, plutôt pour une Société que pour une autre.

La compilation des tablettes normales pourrait répondre à ce double besoin, pourvu qu'elles fussent établies: 1° Sur les tables de mortalité; 2° Sur les probabilités de mort ou de survivance que l'on en peut déduire; 3° Sur les intérêts résultant des primes uniques ou annuelles: 4° Sur le gain des compagnies d'assurance. Ce sont des états à dresser sur des formules assez simples et qui de toute manière devraient reposer sur ce principe: que dans toute espèce d'assurance, le risque que court l'assuré doit être égal à celui que court l'assureur.

Section II.

TOPOGRAPHIE.

Quoique les études topographiques soient de nature à ne pouvoir pas toujours prendre la forme d'observations statistiques, on ne peut pourtant pas nier que la Topographie ne soit peut-être la donnée principale sur laquelle se base la statistique. Si, comme l'à dit Molleschots, l'homme est une fleur de la terre et du soleil, la Topographie et la Météorologie sont deux études préparatoires et indispensables pour arriver à la Démographie. Il serait à désirer que la section de topographie, avant de s'occuper à coordonner les observations météorologiques et hydrologiques, ouvrit ses discussions en exposant l'état de notre topographie scientifique et figurative. Il faudrait pour cela tenir compte des travaux exécutés, dans ces dernières années pour compléter la carte géologique et la carte topographique de l'Italie. Il faudrait exposer les travaux de l'État-major italien pour terminer la carte des anciennes provinces, et pour réunir les éléments d'une carte semblable et sur la même échelle de la Sicile. Enfin il faudrait tirer parti des travaux déjà commencés par les officiers de l'ancien Génie Napolitain, et de ceux terminés, mais sur une échelle différente, encore, par le Génie Autrichien.

Outre cela, il serait fort convenable de donner des informations sur les études hydrographiques et maritimes que nos officiers de marine doivent avoir exécutés, certainement en s'occupant de faire des recherches sur les ports italiens: recherches rendues necessaires, par la sollicitudine avec laquelle on a entrepris des travaux nombreux et hors de proportion avec nos ressources économiques.

Enfin, on pourrait aussi regarder comme une branche de la topographie, les nombreuses études faites pour les traversées des Alpes et des Apennins, en vue des chemins de fer projetés, et plus encore en vue des celles exécutées, ou en cours d'exécution, dans les Apennins de la Ligurie, entre

Savone et Mondovì, entre Gênes et Novi; dans les Apennins de la Toscane, entre Bologne et Florence; dans les Apennins Ombriens, entre Ancône et Rome, et dans les Apennins du Samnium, entre Bénévent et Foggia.

Organisation des stations météorologiques et formation d'une carte diurne de l'Europe. — Depuis l'époque où l'on a commencé à utiliser les communications télégraphiques dans l'étude de la météorologie, comparant et groupant les phénomènes qui se produisent simultanément dans des lieux fort éloignés les uns des autres, au lieu d'étudier simplement les faits successifs d'une même localité; depuis les remarquables publications de M. M. Fitz-Roy et Leverrier, on est convaincu que les variations du temps peuvent être prévues et indiquées quelque temps à l'avance. La marine marchande a déjà profité de ces prédictions pour se garantir de tempêtes annoncées comme prêtes à éclater.

Les études météorologiques ne doivent pas seulement nous donner des prédictions, mais aussi la connaissance des lois qui expriment les relations les plus générales entre les divers phénomènes de l'atmosphère terrestre; ce qui pourra servir à nous préserver de sinistres, dans l'état du ciel. C'est aussi sous le point de vue, et dans le but d'éloigner ou de diminuer les calamités publiques, que la statistique peut s'emparer de cette étude et proposer des questions au Congrès international.

Pour arriver rapidement à formuler les lois des phénomènes météorologiques, il serait utile que le Bulletin international, publié avec tant de soin par M. Leverrier, enregistrât régulièrement les observations faites dans les régions d'Europe les plus éloignées de la France, et spécialement celles de l'Écosse, de la Scandinavie, de la Russie, de l'Alemagne orientale et méridionale et de la Turquie, comme aussi celles du midi de l'Afrique. Il serait même convenable d'établir dans les pays indiqués un plus grand nombre de stations pour transmettre leurs observations à Paris; car celles. en petit nombre et mal distribuées, qui existent actuellement au levant et au midi de l'Europe, ne sont pas suffisantes. On devrait également transmettre de Londres à Paris plus régulièrement les observations du Nord de l'Écosse et de l'Irlande, et mieux encore, si les données ne manquaient pas, celles des îles Féroë et de l'Islande. On désire aussi vivement d'avoir les observations des stations russes de Laponie, de Finlande et de la Russie d'Asie.

Mais pour atteindre ce but il faut que les nations principales d'Europe prennent de mutuels accords et s'engagent à transmettre chaque jour, deux observations au lieu d'une, qu'on envoie maintenant.

Ces dispositions permettraient à M. Leverrier de continuer la publication de sa carte météorique journalière de toute l'Europe, dans laquelle on pourrait indiquer, outre la pression et la direction du vent, la température et l'état du ciel dans chaque station.

La Russie, l'Allemagne, la Grande-Bretagne, l'Italie et l'Espagne, feraient, chacune pour leurs régions, des publications analogues, avec des points plus rapprochés, comme M. Leverrier le fait actuellement pour la France.

Les données des réseaux plus détaillés et celles du grand réseau permettraient de connaître aisément, jour par jour, la température et l'état du ciel dans toute les parties de l'Europe.

Les questions de météorologie qu'il importe de soumettre, pour la discussion, au Congrès, sont les suivantes:

1° Dans le but de donner une base plus sûre aux prédictions météoriques, les principaux États d'Europe, ne pourraient-ils pas faire une convention sur le choix des stations principales, sur le mode de transmission à un centre unique pour tout le réseau météorique d'Europe agrandi et sur la manière de représenter les faits (pression, température, état du ciel, direction du vent, etc.?)

2° Si la France voulait se charger de publier chaque jour la carte météorique de l'Europe, les autres principaux États ne pourraient-ils pas à leur tour publier des cartes spéciales par régions? et quels accords devrait-on prendre pour donner à ces publications la plus grande uniformité possible et les rendre utiles à la science?

Nature, propriété et règlement pour l'usage des eaux. — Eaux potables, eaux pour l'irrigations. — L'eau est indispensable à la vie végétale et animale; habilement répandue elle augumente énormément la fertilité des terres, qui deviennent improductives lorsque l'eau y séjourne stagnante; l'hygiène pubblique dépend en grande partie de la qualité et de l'abondance des eaux potables, et de celles destinées aux usages domestiques, comme aussi de l'écoulement régulier des eaux pluviales et autres sur le sol; l'eau enfin fournit à l'industrie une force de grande valeur avec les chutes convenablement ménagées le long des vallées où elle coule. Aussi, de toute antiquité, les hommes réunis en société ont dû s'occuper de son aménagement, et l'existence des vastes contrées, comme l'Assyrie et l'Égypte, fut la suite des travaux hydrauliques entrepris par leurs premiers habitants.

Le règlement des eaux étant essentiellement du domaine de la physique, la plus grande partie des données dont il dépend, ou des résultats qu'on en obtient, pouvant être exprimée en nombres, son étude appartient à la statistique, du moins pour ce qui concerne les faits existants qui doivent servir de base aux travaux hydrauliques des ingénieurs.

Les Directions de statistique de quelques États ont déjà entrepris l'étude des eaux, mais dans un champ restreint, sans l'aborder dans son ensemble. C'est ainsi que l'on a étudié les fleuves et les canaux, comme voies de communication; que l'on a étudié le régime des cours d'eau, et qu'on a mesuré en quelques points leurs portées en vue spécialement de l'endiguement destiné à sauvegarder des inondations les campagnes adjacentes; et de magnifiques travaux ont été exécutés, sur ce sujet, parmi lesquels il suffit de citer ceux de M. Lombardini, sur le Pô, et ceux sur le bassin du Mississipi par une commission d'ingénieurs américains.

On a également étudié le régime de quelques lacs en vue de garantir des inondations les parties basses de leurs rives, ou d'en dériver des canaux navigables ou d'irrigation.

Le Congrès, dans sa réunion de Vienne, en traitant spécialement de l'Hydrographie du territoire, a esquissé quelques règles pour l'étude des eaux, mais d'une manière trop générale, et trop incomplète, puisque, par exemple, il n'y est pas question des irrigations.

Les études hydrologiques des bassins de la France sont commencées depuis longues années sous la direction d'un illustre ingénieur, mais, plusieurs fois interrompues, on en connaît peu de chose jusqu'à présent. En Espagne on a, de la même façon dejà étudié trois bassins. Ces études, dignes de grands éloges, ne sont pourtant pas complètes, et ne satisfont pas à tout ce qu'on pourrait demander à une bonne statistique des eaux.

On pense donc qu'il y aurait intérêt à ce que le Congrès, déclarât l'utilité d'une statistique hydrologique complète, et qu'il posât les bases détaillées sur lesquelles on devrait la rédiger.

Le problème des eaux se présente avec un intérêt spécial et comme sur son terrain en Italie, où, rapport à la surface, on possède le plus grand système hydraulique d'Europe dans la vallée du Pô; où, dans les lagunes de la Vénétie, les cours d'eaux se mêlent aux lacs salés d'une façon étrange; où les torrents des Alpes et des Apennins maintiennent continuellement l'homme en lutte avec le nature; où de grands lacs servent de réservoirs naturels, pour régler le débit des minières; où les maremmes toscanes, les marais pontins et ceux de la Campanie présentent les problèmes d'hydraulique les plus difficiles et les plus étendus; où une législation spéciale répond à cet état de choses exceptionnel; où depuis des siècles l'usage des canaux d'irrigation, déclarés d'utilité publique, a changé les conditions du sol et créé une prospérité agricole dûe entièrement aux traditions qui les règlent; où enfin l'hydraulique des écoles célèbres de la Vénétie, de la Lombardie et de la Romagne devint une science; où des statuts des municipes et de sages lois, ont créé des associations qui ont vulgarisé et rendu possible un système très compliqué d'irrigation, et quelque fois aussi de desséchement.

On propose donc la décision suivante.

1° Le Congrès décide que les eaux utiles et nuisibles doivent être étudiées dans tous leurs détails, pour former la statistique hydrographique du pays;

2° Les données à recueillir doivent se rapporter aux catégories suivantes.

Eaux utiles;

Eaux potables, (leur quantité et leur qualité) — Eaux destinées aux usages domestiques — Eaux employées par l'industrie. autrement que comme force motrice — Eaux qui fournissent la force motrice — Eaux qui servent de voies de communication — Eaux qui servent à l'agriculture (Arrosements, irrigations, limonages, etc.)

Eaux nuisibles — Eaux vannes des fabriques — Eaux d'égouts;

Inondations — Marais — Ravins — Ensablements et destructions produits par les torrents, ou par la mer.

Pour que l'étude soit complète il faut, selon les cas, qu'elle comprenne des données physiques et mécaniques. On devra aussi tenir compte avec attention de la législation des eaux dans les divers pays, et spécialement en ce qui regarde la séparation des eaux publiques d'avec celles qui appartiennent aux particuliers, et des attributions du Gouvernement dans le règlement des eaux soit pour rapport à l'industrie soit pour rapport à l'agriculture.

Section III.

AGRICULTURE.

Une statistique agricole, embrassant, tout à la fois. l'élément économique l'élément juridique et celui qui concerne la culture, ne pourrait être que fort avantageux à la science et de la plus grande utilité à l'homme d'État. On en obtiendrait des connaissances plus claires du travail agricole, comparé à la population, de la valeur des produits, des conditions de droit, de la propriété, des différences et des progrès de l'agronomie. Le sol italien réunit de nombreux rapports inhérents à la propriété, qu'il est essentiel de décrire et d'apprécier à leur véritable valeur. Par sa position spéciale, l'Italie embrasse des zônes de végétation tout à fait différentes entre elles. En partant du pied des Alpes et en avançant le long de la chaîne des Apennins, le terrain subit diverses gradations, donnant lieu aux genres de culture les plus dissemblables que l'on alterne et que l'on emploie selon la configuration du sol et selon le climat.

A cette diversité de culture, correspond un genre différent de rapports entre le propriétaire et le cultivateur; et le contrat qui fixe ces rapports, exerce une influence spéciale sur les produits, sur l'ensemble du pays et sur la prospérité générale de la population agricole. On peut, aussi, déduire de l'état de l'agriculture, en Italie, et de ses diverses formes mentionnées dans le contrat passé avec le fermier, le résultat des précédentes législations et des différents usages, dont naguère, encore, existaient les propriétés dépendantes de fiefs, les emphytéoses, les mainmortes, les possessions réparties confusément, les pâturages libres, tout ce qui a rendu l'agriculture stationnaire et placé l'agriculteur dans une espèce d'esclavage. Il est nécessaire de remarquer que dans la haute Italie et dans la moyenne, la propriété s'est divisée et subdivisée, de manière à produire un nombre considérable de petits propriétaires, parmi lesquels s'en trouvent, dans la partie montueuse, beaucoup qui appartiennent à la classe même des cultivateurs, tandis que dans le midi et dans les îles, on rencontre les vastes domaines et les grandes propriétés. Dans le nombre des diverses cultures qui ont donné lieu à des expériences spéciales et à des rapports juridiques, il faut surtout signaler l'irrigation qui a fertilisé une grande partie de la Lombardie et produit une législation et une jurisprudence particulière, que d'autres nations ont pris pour modèle. Une statistique agricole, serait incomplète, si elle omettait les rétributions journalierès ou les salaires compris dans les grandes opérations rurales, ou dans les terres exploitées directement par le propriétaire, rétributions qui, presque toujours, varient d'un pays à l'autre, d'une saison à l'autre. Quant aux différentes industries et aux travaux agricoles, il faut distinguer ce que l'on confie de préférence aux hommes, de ce qui est fait par les femmes, à l'effet de constater la part de travail attribuée aux deux sexes, dans le produit général.

1° *Estimation du revenu net des cultures.* — Dans le précédent Congrès tenu à Berlin, le sujet d'une revue agraire a déjà été discuté et l'on y a examiné les différents points de vue sous lesquels la propriété peut être représentée d'une manière statistique. Mais dans cette circonstance, il n'a été question que du produit brut, sans qu'on se soit aperçu qu'il n'en résultait qu'un fait complexe qu'il était de la plus grande importance de décomposer et d'étudier en détail, dans ses éléments constitutifs, dans le but, surtout, de préciser le revenu net des diverses cultures et par là, de connaître la valeur des produits, les frais de culture et la condition économique imposée aux propriétaires et aux fermiers.

Il sera donc utile de présenter dans le prochain Congrès la question relative à la propriété foncière pour y examiner particulièrement:

a) Le produit brut de chaque culture résultant d'une certaine mesure de superficie;

b) Le prix moyen des principaux produits agricoles: la manière de le fixer et pour combien d'années;

c) Les frais d'exploitation pour chaque espèce de culture: et à cet égard, il faut tenir compte du travail, des intérêts du capital de l'industrie agricole, et des frais de réparation;

d) Le résultat du revenu net.

La connaissance de ces faits intermédiaires entre le produit brut et le revenu net, déjà si importante par elle-même, le deviendrait encore davantage alors qu'elle se trouverait accompagnée de remarques destinées à constater:

Les contrats réglant les rapports entre les propriétaires et les fermiers;

Les systèmes de métairie, de colonie partiaire, de grands, de petits louages;

Les diverses conditions économiques de la population agricole, et particulièrement, le nombre des cultivateurs nécessaire pour chaque culture.

De telles recherches seront fructueuses, je n'en doute nullement, et peut-être, pourraient-elles servir d'éléments précieux pour la création d'un cadastre provisoire, destiné à la répartition de l'impôt prédial, faite avec une équité que les anciens instruments de mesurage ne peuvent plus nous procurer.

Economie du crédit foncier. — Pour déterminer, par des formes statistiques, les données les plus importantes pour juger de l'état de la propriété foncière et des effets que, soit les institutions de crédit, soit les dispositions législatives peuvent exercer sur elle, il est nécessaire (après avoir étudié la partie élémentaire de la question, c'est-à-dire, nature de la propriété, formes liées et mixtes, ou nettes et absolues de la propriété elle-même, étendue très-grande, minime et moyenne, nombre des propriétaires, etc.) il est nécessaire, dis-je, de prendre garde, surtout à trois choses qui influent sur la valeur effective et sur l'importance économique de la propriété foncière et sur ses rapports avec les éventualités du crédit:

a) La règle ordinaire par laquelle, dans les marchés d'immeubles, on proportionne au revenu net du bien-fonds le capital consacré à l'acquisition;

b) Le montant de l'intérêt ordinairement appliqué aux emprunts hypothécaires, comprenant, dans cet intérêt, les charges accessoires imposées aux parties contractantes;

c) Le degré de mouvement dans la transmission de la propriété foncière, à titre onéreux, dans les cessions ou acquisitions des créances hypothécaires;

d) Le nombre, plus ou moins considérable, des expropriations forcées qui ont lieu pour la réalisation des créances hypothécaires.

De ce qui précède, on peut facilement comprendre quelle foule d'éclaircissements, pour le développement du crédit foncier, doivent résulter de quelques tableaux statistiques dans lesquels, pour chaque État, se trouveront disposés, en autant de groupes, les éléments sus-mentionnés concernant la partie législative et la partie économique, lesquels, soit directement, soit indirectement influent sur le crédit foncier. A l'aide de la confrontation de ces états statistiques, on pourra juger de la convenance de recourir à certaines dispositions législatives concernant la garantie de la propriété, le régime hypotécaire et l'expropriation des immeubles.

Le Congrès peut donc s'occuper de préparer de tels tableaux, qui devraient être appuyés d'observations spéciales, destinées à en expliquer le mode de compilation et la portée.

Bétail. Son produit, importations, exportations. — Cette statistique est plus que jamais d'une grande opportunité pour l'Italie, qui jusqu'à présent a trop négligé de s'occuper activement de la culture d'un élément représentant le travail et la consommation, et pour l'Europe, généralement affectée d'une crise qui menace de compromettre les forces vitales de plusieurs de ses contrées.

Lorsque notre pays, en examinant les produits de sa race chevaline, reconnaîtrait que ces produits sont restreints et imparfaits; lorsqu'en considérant les races de ses bœufs, de ses vaches et de ses brebis, il s'apercevrait que leurs qualités sont inférieures à celles de beaucoup de races étrangères; lorsque, de ce rapprochement de nos produits avec ceux d'autres pays, résulterait clairement la nécessité de renoncer à toute espèce d'exportation, et de payer trop cher l'importation d'espèces si utiles à l'industrie et à l'alimentation nationale, il me semble que toutes les recherches qui auraient été faites par la statistique, se trouveraient ainsi parfaitement justifiées.

Néanmoins, il sera d'une utilité incontestable que le Congrès de Florence vote une enquête sur le bétail, conformément à ce qui se fait pour le recensement et pour le mouvement de la population; enquête, dans laquelle, outre les notices numériques, on mentionne ses diverses conditions et applications et l'on tienne compte des qualités des races, de leurs provenances, de leur état de santé relativement au système de culture, de la partie employée aux travaux agricoles, et de celle destinée à l'alimentation, des produits qu'en retire l'industrie, enfin du capital représenté par tout le bétail.

Section IV.

STATISTIQUE COMMUNALE.

Constitution démographique et économique des Communes. — La Commune est un fait naturel et représente la première et indispensable réunion des hommes par raison de proximité et de société. Sous ce point de vue, l'institution communale se trouve constituée, ou par loi ou par le fait, chez tous les peuples qui naissent à la vie civile. Et à mesure que l'institution s'organise selon les diverses formes politiques et selon les différents corps législatifs, elle n'en conserve pas moins quelque chose de son caractère primitif et une certaine individualité, qui peut devenir l'objet d'observations de comparaisons. Sous ce rapport, la Commune reste un fait naturel qui demande à être étudié et représenté par la statistique dans ses éléments primitifs et homogènes, De plus, il faut non-seulement comparer et confronter les éléments qui se ressemblent, mais encore en constater les différences et les variétés pour en apprécier les conséquences.

Le premier élément, celui qui représente directement la matière constitutive de la commune, est l'élément de l'extension territoriale et de la population. Ici aussi il y a une partie juridique et une partie naturelle: l'agrégation ou la dispersion des populations unies par la forme du sol, par les conditions du travail, par les habitudes domestiques, se rapportent à la matière première de la commune et sont ensuite déterminées et modifiées par les lois et les institutions; cette première partie est un sujet propre et direct de la statistique communale.

Les second élément concerne la constitution légale intérieure de la commune; et ceci, comme il est facile de le comprendre, a un rapport plus intime avec les institutions politiques et avec les tactiques civiles. Ici, il convient d'examiner de quelle manière se trouve constituée la représentation et la personnalité de la commune, représentation ou directe ou élective, ou territoriale: c'est-à-dire, formée des seuls propriétaires du sol: ou personnelle, c'est-à-dire, composée aussi des autres habitants de la commune, par raison ou de population, ou d'industrie; et enfin si les droits de la commune sont purement administratifs, ou, aussi, politiques.

Les troisième élément concerne, pour parler ainsi, la constitution complexé des communes, leur place dans l'ordre général de l'Etat. Et ici se présentent d'autres questions que la statistique ne saurait déduire directement des faits, mais qu'elle doit tirer des législations des divers pays. Les communes sont-elles égales entre elles, ou en existe-t-il de plusieurs classes et avec des prérogatives différentes et formes diverses de représentation et de régime? Sont-elles placées sous la jurisdiction de quelque autre institution administrative, comme la province? Peuvent-elles se subdiviser en hameaux ou en fractions ou contrées comme dans quelques pays? Ont-elles un différent degré de dignité ou d'honneur, soit seulement pour la forme, soit en réalité? La différence entre villes, faubourgs, bourgs, villages exprime-t-elle seulement une différence philologique, ou bien se rapporte-t-elle à des destinations légales?

Un quatrième élément qui se présente naturellement, après avoir bien défini la constitution naturelle et la constitution légale de la commune, est celui de sa compétence financière et administrative, point le plus essentiel pour les recherches statistiques et économiques et le but réel de l'enquête que l'on songerait à proposer au Congrès. Quand on traduit en chiffres la situation économique d'un État, on exprime toujours le besoin de connaître la part des dépenses publiques que l'on attribue aux associations soit spontanées soit légales qui administrent si non d'une manière indépendante, au moins d'une manière distincte de l'État. Cette difficulté est une des plus grandes pour la statistique financière, difficulté d'autant plus difficile à sormonter que presque toujours on manque, à son sujet, de renseignements précis et complets. Quiconque a essayé de confronter la balance des comptes de l'Angleterre avec celle de la France, ou la balance des comptes d'un Etat monarchique, quel qu'il soit, avec celle de la Suisse, aura trouvé de grandes lacunes en cette matière des dépenses locales ou provinciales, lacunes qui souvent donnent lieu aux jugements les plus erronés. Quand on aura appris à connaître quelles sont les relations statistiques et légales entre les communes et l'État, il sera facile d'établir par des résumés graphiques et numériques les relations financierès et administratives, en considérant surtout la connexion des intérêts communaux et provinciaux avec ceux de l'État, en distinguant les dépenses que les communes doivent s'imposer par devoir et par le fait de leur existence ou par délégation des lois générales, et les autres dépenses dont les communes assument la responsabilité, en observant l'origine des rentes communales, soit qu'elles proviennent d'un legs ou d'une possession propre, ou de taxes tout à fait spéciales et locales, ou d'une addition ou surtaxe aux impositions générales de l'État. En étudiant ainsi l'importance économique des communes, la nécessité pour elles de remplir certaines fonctions qui leur sont imposées ou confiées par l'État, il sera facile d'apprécier l'importance de ces institutions, ainsi que leur différent degré d'autonomie.

Enfin, pour achever la statistique communale d'une manière comparative, il sera essentiel de déterminer le degré de concours, ou légal ou spontané, des populations dans le régime communal soit par moyen direct, soit par moyen indirect; et ensuite il conviendra de mentionner le nombre des électeurs communaux, la forme des élections de premier ou de second degré, la constitution des assemblées représentatives ou directes, et aussi, de quelle manière l'autorité exécutive de la commune se trouve constituée. Quand on considère que la forme de l'institution communale est celle qui offre la plus grande facilité de faire coïncider avec les occupations de la vie privée et domestique, celles de la vie publique et commune, et que, par conséquent, il faut considérer dans son idée première la solution plus morale et plus populaire de la grande question de la liberté politique et de la conduite individuelle, on ne saurait douter que l'examen comparé des institutions communales ne soit un des indices les plus importants de la civilisation d'un peuple. Mais même sans recourir à ces hautes investigations, il demeure constant que la situation économique et financière d'un État ne peut se connaître à fond, si d'abord l'on ne détermine la compétence administrative des communes et en quelle proportion elles participent aux dépenses publiques, ainsi qu'aux impôts.

Outre les renseignements sur les dispositions financières des communes, il serait de la plus grande importance de fournir ceux qui concernent la police et l'hygiène, lesquelles devraient être de la compétence propre et directe des autorités locales; et il serait bon de spécifier le cercle jusqu'où s'étend la juridiction des autorités municipales, à l'égard de la surveillance préventive et de la justice répressive. Mais ce qui offrirait encore plus d'intérêt, ce serait l'exposé du système du service sanitaire des communes et particulièrement dans les communes rurales, où pour l'ordinaire manquent les ressources des grands établissements de bienfaisance et de santé, comme aussi le concours spontané des médecins.

Enfin, pour se conformer au désir déjà exprimé dans les précédents Congrès et surtout dans celui de Berlin, on pourrait engager les grandes villes, plus nombreuses en Italie que dans toute autre contrée de l'Europe, à préparer, pour le prochain Congrès, leur statistique urbaine, se basant sur les derniers renseignements que chaque commune recueille sur les modules de la statistique officielle concernant la population, l'instruction publique, l'hygiène, les finances. Et, déjà, l'on s'est aperçu comment sous l'influence de la liberté, nos cités ont déployé une force vitale féconde en résultats, en répandant l'instruction et en multipliant les écoles, en améliorant les services publics et en sauvegardant l'hygiène. Ici, il ne s'agit pas tant de préciser l'influence sur la propriété et sur la sûreté publique de la liberté des assemblées communales, que d'en mesurer les effets. La statistique des communes, en établissant clairement ces éminents degrés de développement réalisés en si peu de temps, servira par de stricts rapprochements avec le système précédent à démontrer victorieusement les

avantages du régime libéral; et l'Europe, qui avait déploré la décadence de nos municipes et la presque absence de toute activité économique, sous les gouvernements despotiques, n'hésitera pas à admirer avec satisfaction le résultat d'une restauration communale opérée avec promptitude et pleine d'avenir.

Section V.

STATISTIQUE DE LA CIRCULATION MONÉTAIRE ET FIDUCIAIRE.

Déjà depuis fort longtemps les Congrès se sont montrés favorables à l'unité des poids et mesures, en en conseillant l'adoption à tous les gouvernements, — comme aussi celle du système métro-décimal. Tout le monde en effet comprenait l'extrême importance de l'unité des poids et mesures pour l'avancement de la statistique internationale et comparée. Le Congrès de Florence doit donc s'en tenir à exiger que le vœu exprimé par les précédentes assemblées reçoive un prompt et heureux accomplissement. Mais une chose en amène une autre, et, de l'unité des poids et mesures, fondée sur le système métro-décimal, il n'y a qu'un pas pour entrer dans la voie de l'uniformité du système et de la législation monétaire. Le système monétaire décimal français, ayant pour base l'étalon or et argent, a été notablement modifié (V. Convention monétaire entre la France et l'Italie). Examinons donc, en admettant qu'on propage l'uniformité des monnaies, si, et de quelle manière il est possible d'appliquer aux autres États des conventions analogues, relativement surtout aux divers besoins et à l'usage de l'un et de l'autre métal, tous deux destinés à faciliter les transactions commerciales et les changes.

Comme acheminement à cette salutaire uniformité, il conviendrait de travailler au recueil d'une statistique générale du produit et de la consommation des riches métaux. Pour cela, il faudrait réunir et publier dans des tables périodiques les aperçus relatifs au produit de l'or et de l'argent dans les différentes contrées du nouveau monde et de l'ancien. Une pareille revue aiderait puissamment aux études économiques sur les besoins et les développements de la circulation. Il ne serait pas moins utile de recueillir et de publier périodiquement les éléments, ignorés jusqu'à ce jour, sur les monnaies des divers pays.

Ceci nous amène naturellement à une autre espèce de recherches. Le crédit a établi dans les pays civilisés des valeurs équivalentes et représentatives de la monnaie, lesquelles font aujourd'hui partie intégrante des moyens et des facilités d'échanges. Ne conviendrait-il pas que le Congrès exprimât le désir que dans tous les États, les éléments statistiques de la circulation fiduciaire fussent recueillis sur des bases uniformes?

Dès qu'on aurait admis l'opportunité de cet exercice, il faudrait aussi se concerter sur deux conditions de la plus haute importance, savoir: 1° Quels sont les vrais caractères des valeurs équivalentes ou représentatives de la monnaie? En effet, dans quelques pays, on admet dans la circulation des papiers-monnaie, tels que bons, *fedi*, livrets de crédit, lesquels jusqu'à un certain point facilitent la circulation comme le font les billets de Banque. Jusqu'où peut-on étendre l'assimilati on de ces espèces d'instruments d'échanges? Première question.

La circulation fiduciaire varie d'un pays à l'autre selon les diverses circonstances économiques dont quelques-unes pourraient passer pour régulierès et périodiques. Pourquoi la statistique n'essayerait-elle pas de la constater en prenant pour base le principe de la plus grande uniformité de ces variations? De quelle manière et jusqu'à quel point serait-il possible de l'effectuer? En d'autres termes: les aperçus de la circulation fiduciaire doivent-ils être faits chaque trimestre, chaque mois ou chaque semaine? Cela devra dépendre des conditions principales des institutions de crédit, jouissant de l'autorisation d'émettre les valeurs représentatives de la monnaie; conditions sur lesquelles nous pourrons facilement obtenir de chaque membre du Congrès les plus précieux renseignements. Seconde question.

Dans cette enquête, on devrait aussi comprendre ce qui concerne la réserve particulière des institutions d'émission, en en appréciant la base métallique mutuelle et actuelle. Il ne faudrait pas non plus oublier de déterminer la base, ou *stock* soit capital métallique dont profite la circulation des divers pays; enquête compliquée et difficile, car elle repose sur des éléments en partie inconnus et en partie passagers et changeants. Cependant une fois pénétrés de la connaissance du mouvement international monétaire et des riches métaux, aidé de notices sur la base ou réserve métallique, tant des institutions de crédit que du trésor public, nous espérons pouvoir entreprendre, avec quelque résultat avantageux, une statistique générale de la situation et de la circulation monétaire.

En poussant plus loin nos recherches pour traduire et représenter en chiffres les transactions économiques, nous devrons enfin nous mettre à examiner les permutations et les circulations de valeur qui ont lieu, même sans l'usage effectif de la monnaie et des valeurs représentatives du crédit, ayant soin de préciser le mouvement des *virements*, des comptes-courants et de la quantité des liquidations par compensation.

Telles sont les demandes qu'il convient de présenter, tels sont aussi les éléments de fait qu'il faut recueillir, afin que le Congrès puisse se vanter d'avoir donné naissance à une nouvelle statistique, que, en nous servant d'un terme propre, nous nous plairons à nommer la *Statistique de la circulation.*

Section VI.

STATISTIQUE MORALE ET JURIDIQUE.

Les misérables. — Pour que la description du corps social soit réellement complète dans chacune de ses parties, il faut non-seulement en indiquer les forces vives et pures, mais encore celles qui sont souillées et corrompues, afin de les considérer dans leurs causes, dans leurs effets et dans les moyens de les réformer. Dans l'élan philantropique dont s'honore notre époque, l'opinion s'est souvent préoccupée du sort de certaines catégories de personnes qui se trouvent dans une condition dégénérée et moralement inférieure à celle du plus grand nombre des citoyens: on les regarde avec raison comme une mesure de la moralité publique, et comme le symptôme du plus ou moins de prospérité dans un pays. On veut parler ici de ces classes d'indigents, de gens dégradés, d'hommes déchus, plaies sociales que la religion est impuissante à guérir et que la bienfaisance publique ne peut pas toujours soulager. L'intérêt qu'ont excité ces égarements de la nature humaine, résultant de causes secrètes ou de causes publiques, leur accroissement effrayant comparé à ce qui autrefois n'était considéré et toléré que comme une exception, tout cela a produit, de nos jours une classe d'écrivains qui ont peint avec des couleurs vives et dramatiques cette société à part, ces êtres hors la loi, nés ou jetés dans les repaires immondes de la population. Cette peinture ne manqua pas de frapper l'imagination et d'éveiller les bons sentiments au profit des misères que la société s'applique à diminuer et à guérir; les moralistes et les publicistes, sous différents points de vue, se saisirent d'un sujet si important pour le bien-être moral et pour le bien-être physique, les gouvernements eux-mêmes s'empressèrent de pourvoir à tout ce qui pouvait atténuer le mal ou en ralentir la propagation.

Ce sujet, par le fait même de sa gravité, intéressant l'ordre public et faisant partie du domaine de la science, ne pourra être approfondi que par la statistique effective et circonstanciée des misères auxquelles on veut porter remède. En outre de sa propre importance, ce sujet en acquiert une plus grande encore par ses rapports avec certaines institutions pubbliques dont le système est susceptible de réforme et de progrès.

Dans la statistique des classes indigentes, peuvent être compris, les mendiants dans les rues et à la porte des églises, les gens admis dans les ouvroirs, dans les refuges de nuit et dans les dépôts de mendicité, les vagabonds, les jeunes détenus, les libérés de prison, les prostituées. On doit ajouter à ces classes, les enfants trouvés, comme le résultat d'une condition vicieuse et irrégulière.

Ces différentes catégories de personnes, dont chacune représente un problème social qui lui est propre, mais qui se réunissent dans leur causes générales, peuvent être multipliées et subdivisées selon les recherches qu'on voudra faire. C'est donc à la Commission de déterminer avec précision chaque catégorie; d'en définir la nature et les caractères et de proposer la série des recherches qui peuvent devenir utiles aux institutions, que l'on a en vue. De plus, elle doit envisager quelles sont les meilleures mesures à prendre pour que la statistique des indigents soit décrite avec précision et pour qu'elle abonde en résultats pratiques.

L'enquête peut donc être formulée en ces termes:

1° Combien y a-t-il de catégories d'indigents, et quelles sont elles?

2° Quels éléments statistiques faut-il se procurer pour guérir complètement le corps social de ces plaies?

Des rapports juridiques de la famille. — L'importance et la nouveauté de cette recherche ne saurait échapper à personne. Elle mène à une étude comparative de l'ordre de la famille, suivant les différentes législations, les usages et les traditions nationales. Les sources de cette statistique seront les registres de l'état civil, les actes de légitimation, d'adoption, d'émancipation, de tutèle, d'autorisations de mari, de divorces, les déliberations des conseils de famille ou des juges pupillaires, les actes d'exercice du pouvoir civil, les interdictions et députations de curateurs ou consultants, et tous les actes dressés pour régler les rapports domestiques.

Ce genre de statistique n'existe pas. Un premier essai de sa compilation fut commencé par la Commission de statistique judiciaire des États-Sardes, en 1852; mais ce travail exige de plus profondes études.

Des faillites et jugements relatifs, et de l'influence des divers systèmes de législation sur le crédit commercial.

De la contrainte par corps. — L'abolition de cette institution est désirée dans les législations où elle est encore en vigueur. Une statistique recueillie avec soin et des recherches comparatives, dans les différents pays, sur les matières qui dans un lieu admettent la mesure de l'arrêt personnel et dans un autre, non, fourniront un jugement éclairé pour résoudre ce problème législatif.

Des causes de délit. — Romagnosi et Rossi, ces grands maîtres en fait de disciplines criminelles, n'ont pas manqué d'observer que c'est le propre de l'enfance des dispositions pénales, de se préoccuper surtout des conséquences objectives et sensibles du dommage causé par le coupable, sans recourir à l'analyse de l'élément moral et personnel et sans proportionner la rigueur de la répression à la malice des intentions criminelles et au degré de liberté avec lequel le délinquant cède à ces entraînements, soit en préméditant, soit en exécutant l'action criminelle. C'est également un homicide, c'est à dire la perte d'un homme pour la société, qu'il soit commis par le voleur de grand chemin, ou par l'homme ennemi du pardon, qui venge une offense faite à son honneur, ou encore par ceux qui entraînés par un préjugé, non moins cruel que déplorable, ne craignent pas de se battre en duel. Une répression égale pour ces différents homicides serait injuste: elle répugne à la conscience humaine. Aussi a-t-elle été écartée par les codes les plus éclairés dans la juste application des vrais principes.

Dans ces cas, la différence de l'intention, ou du motif qui détermine à commettre le délit, produit une tout autre mesure psychologique de la malice de l'acte prémédité, d'où resulte le plus ou moins de dangers pour tout le corps social, lequel ne se trouve pas également menacé de renfermer dans son sein l'une plutôt que l'autre gradation d'immoralité et de perversité des volontés portées à la blesser.

De même que l'étude, la constante recherche et la classification des *Causes de délit* sont un indice des améliorations progressives des lois criminelles, de même, parmi les peuples les plus civilisés, elles indiquent le plus haut degré où puisse s'élever la *statistique pénale* et le plus sûr appui qu'elle peut fournir au législateur, au juge, à l'administrateur. Étendre cette recherche aux *Causes de tous les crimes*, grâce à une complète et laborieuse exploration, ce serait ce qu'il y aurait de meilleur et de plus parfait dans ce travail statistique. Mais l'entreprise en est si difficile et si pénible que c'est à peine si jusqu'à ce jour on peut en trouver quelque essai dans les meilleures compilations officielles, se bornant à certains crimes de la plus haute gravité: et même dans ces bornes étroites, jusqu'à présent les quelques statistiques judiciaires qui s'en sont occupées, s'en sont tenues à une énumération confuse, plutôt qu'à une classification méthodique et intégrale des causes de délit.

Les philosophes et les criminalistes, qui ont voulu en essayer, ont reconnu l'extrême difficulté d'analyser avec précision l'impulsion criminelle dans les passions élémentaires de l'esprit humain, de disposer sous chacune d'elles les nombreuses formes secondaires de leur manifestation et de leur action sur la volonté, et surtout de pouvoir produire au complet et sous une forme nationale les résultats de cette analyse psychologique.

La Commission Statistique Judiciaire des États-Sardes, en publiant sa Statistique pénale, en 1857, exprima le vœu de remplir cette lacune dans l'organisation des Statistiques judiciaires, ce qui résulte du commentaire qui la précède, du professeur Mancini, son rapporteur.

C'est donc un sujet tout à fait digne des études d'un Congrès statistique que de former un Programme national de ce genre de recherches dans les pays civilisés, en établissant une classification scientifique de toutes les *Causes de délit* possibles.

Des délits militaires et maritimes et des Jugements y relatifs, pour servir d'étude comparative des conditions morales et disciplinaires des Armées sur pied et des Marines militaires des différents pays de l'Europe, et de l'efficacité des mesures répressives qui s'y rapportent.

(Ce sujet a déjà été proposé, mais d'une manière plus concise, dans les précédents Congrès statistiques, mais sans avoir jamais été discuté.)

SECTION VII.

ÉTAT MILITAIRE.

La statistique militaire fut le thème d'un vif intérêt, dans le Congrès de Berlin; mais comme la passion dénature quelquefois la vérité, les études comparatives des diverses conditions de la population militaire et de la population civile ne produisirent pas un résultat qui satisfît, à la fois, la curiosité statistique, le bien-être du soldat et l'intérêt de l'administration publique.

Le Congrès florentin tentera de nouveau, l'épreuve dans l'espoir, qu'en un pays où il n'existe pas de séparation entre le militaire et le civil, où l'armée a une constitution qui ne reconnaît pas de privilége, qui admet indistinctement toutes les classes à concourir à tous les grades, même les plus élevés, sans autre prérogative que le mérite, où, enfin, l'autorité publique ne demande qu'à être éclairée par l'enquête de la statistique, nul obstacle ne viendra s'opposer à ce que pleine et entière lumière ne soit faite sur une question aussi vitale.

La disquisition que nous reproposons au Congrès est la suivante: *Santé et mortalité de la population civile et militaire.*

a) Enquête sur l'alimentation, l'habillement, l'équipement, le logement et le service des soldats de l'armée de terre et de mer;

Sur les exercices gymnastiques:

b) Formulaire des tableaux pathologiques d'invalidité et de mortalité des troupes de terre et de mer;

c) Tableaux spéciaux des maladies proportionnellement à la durée du service.

Section VIII.

EDUCATION.

Écoles de Beaux-Arts. — La statistique des instituts d'éducation doit nécessairement comprendre les écoles destinées à l'enseignement des Beaux-Arts. Dans leur sens complexe, ces écoles n'ont pas pour objet, seulement, les arts représentatifs, à l'aide du dessin, tels que la sculpture, la peinture, l'architecture, la gravure, mais encore leur similaires, appliqués à l'éducation des sens estétiques, tels que la musique et la danse.

Depuis que les arts du dessin, florissants en Italie, dans toute leur spontaneité; eurent jeté un si vif éclat, il fut créé des institutions qui, perfectionnant la pratique et les procédés, en consacrèrent les traditions. Bien que l'on ait révoqué en doute l'utilité des académies de Beaux-Arts, on ne peut toutefois méconnaître les vrais services qu'elles ont rendus. On a mis à leur charge les défauts des temps, les variations des goûts; mais il n'y a personne qui ne s'aperçoive de leur importance, toutes les fois que l'on voudra avoir présente à la pensée, la nécessité dans laquelle sont les arts, à l'instar de toutes les sciences, d'avoir une organisation qui leur assure la continuité.

Dans ces instituts, nonobstant les griefs d'académisme et de classicisme, qu'on leur impute, se sont formés des artistes capables et des maîtres distingués qui ont eu l'ascendant d'entretenir dans la sphère de l'enseignement les sources vives des bonnes pratiques, et souvent, de corriger les égarements de l'époque.

C'est à eux que l'Italie doit d'avoir survécu à la décadence et de progresser, insensiblement, dans les nouvelles et glorieuses voies. La classe des peintres et des sculpteurs est considérable, en Italie, par le nombre et le produit; et quand on refléchit, quelle part éducative a l'art dans la vie intellectuelle d'un peuple, il faut souhaiter que les académies se dilatent en puissance de doctrine et d'irradiation. L'art musical est inné chez les Italiens, et les Conservatoires qui ont pour bût la culture des jeunes gens qui s'y vouent exclusivement, méritent une attention spéciale. Non seulement, la musique est un instrument propre à aiguiser le sentiment populaire, à polir les mœurs, mais, elle est devenue, pour ceux qui la professent, une source non indifférente de gain. Les écoles de danse ne doivent non plus être négligées; elles disposent les classes populaires qui les fréquentent à se développer heureusement, et à se perfectionner dans un exercice fort estimé des anciens, et nullement déprécié par les sociétés modernes.

La Commission est chargée de répondre à la demande suivante: Quel doit être le formulaire détaillé, pour obtenir toutes les notions relatives aux écoles de Beaux-Arts.

Archives Bibliothèques, Musées. — Les fonds historiques, littéraires et artistiques que chaque nation a receuillis et conservés avec soin dans l'intérêt de son propre honneur et de sa civilisation, doivent être inscrits dans les inventaires des forces vives et opératives d'un peuple, comme manifestations de sa pensée et témoignages de ses actes sous l'aspect subsidiaire de ses spécialités intellectuelles.

L'Italie est riche en collections de toutes espèces. Ses archives sont nombreuses. Ce sont des dépôts importants de sa vie politique et religieuse. Les Musées d'antiquités vont toujours prenant plus d'extension, dans un pays comme le nôtre où l'on rencontre les monuments de deux civilisations. Les bibliothèques, disséminées jusque dans les moindres contrées, sont de noble origine et représentent le contingent le plus précieux de l'histoire littéraire depuis la renaissance des lettres en Europe. Les médaillers, qui sont d'un si grand auxiliaire à la chronologie et à l'iconologie, et dont les séries numismatiques offrent un vif intérêt même à l'erudition économique, sont copieux et variés en Italie. Les Musées d'arts qui comprennent les œuvres de peinture et de sculpture de l'école italienne, ou des écoles étrangères qui lui succédèrent ou lui furent collatérales, sont pareillement riches et sont réputées les premières du monde

Toutes ces collections forment des institutions permanentes, glorieux héritages de beaucoup de nos principales villes. Une statistique qui ne se contenterait pas d'en constater les faits, mais qui tendrait à en améliorer l'ordonnance serait d'une importance évidente. La disposition et l'entretien des archives impliquent des questions de classification qu'il serait utile d'établir sur des bases invariables et uniformes. Pour les bibliothèques, il convient de fixer le mode de cataloguer et de placer les livres. Les collections de médailles et de monnaies exigent un système de distribution qui se coordonne avec les temps et les lieux. Enfin, les Musées de peinture et de sculpture doivent être disposés suivant les exigences et le critérium même de l'histoire de l'art.

D'où il s'ensuit que la section chargée de l'examen de ce thème doit porter son attention sur les deux points suivants:

Quel est le meilleur moyen pour arriver à une statistique des archives, des bibliothèques et des Musées de l'État?

Quelles sont les règles fondamentales, à prescrire, pour leurs arrangements?

CORRESPONDANCES.

Comme complément de la précédente proposition du programme, je crois à propos de publier la lettre par laquelle je me suis adressé à mes honorables Collègues placés à la tête de la direction de la statistique officielle dans les différents Etats de l'Europe, pour les prier de me suggérer les questions statistiques qu'ils jugeaient dignes d'être soumises à l'examen du Congrès.

Les lettres par lesquelles un grand nombre de ces éminents appréciateurs de la science statistique ont eu l'amabilité de répondre à cette invitation, et que je m'empresse de publier, serviront d'important corollaire au programme, autant par les graves questions qu'elles contiennent, que per les noms qui les appuient.

La Direction de la statistique générale
du Royaume.

Monsieur et très-honoré Confrère,

Les savants distingués qui ont organisé les Congrès internationaux de statistique ont décidé fort opportunément que le siège de leurs réunions doit varier d'une Session à l'autre, afin que leurs Commissaires puissent, dans leurs pérégrinations, visiter les diverses capitales de l'Europe, ainsi que celles du monde entier.

Cette disposition organique a le double avantage de permettre, d'abord, à tous le Représentants de la statistique officielle comme à tous les statisticiens libres, de vérifier en personne, chez différents peuples, les faits dont, par l'étude des livres, ils n'ont acquis chez eux qu'une première et imparfaite notion; ensuite, d'exciter dans le pays qui est honoré par la présence de tant d'illustres étrangers, une activité telle dans l'examen des questions de statistique que soutenue par des bonnes études elle fournira une sève féconde, qui donnera une vie nouvelle au grand arbre de la science.

Pendant la Session du VIe Congrès international qui, par décision de la Présidence du Congrès du Berlin doit être célébrée dans la Capitale de l'Italie, l'Administration du nouveau Royaume, ainsi qu'il convient à un peuple libre, pourvoira, nous n'en doutons point, à ce que la première partie de notre but soit atteinte en offrant aux nobles visiteurs de ce pays toutes les facilités, qu'il sera en notre pouvoir de leur procurer, afin qu'il leur soit permis d'examiner de près notre organisation civile et économique.

La seconde partie de notre tâche sera remplie par la formation d'une Commission nommée par le Roi; Commission à laquelle, selon l'habitude des Congrès précédents, sera confié l'office de préparer d'avance pour nos futurs hôtes un accueil digne du caractère, dont ils sont revêtus, et d'ébaucher les questions sur lesquelles le Congrès sera ensuite appelé à se prononcer.

Et alors même qu'en ce pays tout récemment rendu à la liberté de la pensée, le Congrès ne trouverait point des doctrines déjà formées ou arrivées à cette hauteur, où d'autres nations se glorifient à juste titre d'être parvenues, cependant le spectacle seul d'un peuple, qui ressaisit les fils interrompus de sa tradition scientifique et qui, dans le labeur incessant de son organisation, s'applique constamment au développement des institutions sociales, doit, nous le croyons fermement, attirer l'attention des savants.

Nul plus que nous n'est convaincu de la gravité des obligations que l'Italie s'impose en cette occasion; mais nous avons en même temps la foi intime que, dans l'intérêt de la statistique, il est important de conserver les traditions de nos congrès et d'en maintenir rigoureusement le caractère international. C'est pourquoi, nous avons l'intention, non seulement d'engager la Commission italienne à décider que les questions dont les solutions n'ont pas été données, soient de nouveau proposées et discutées, mais encore de prier nos collègues, avant que le Programme du Congrès de la statistique officielle soit définitivement établi, de vouloir bien formuler les questions qui, selon leur avis, et pour le bien de la science, mériteraient d'être soumises à l'examen de l'Aréopage européen.

Ayez donc l'obligeance de transmettre à ma Direction, le plus tôt qu'il vous sera possible, votre avis sur les questions spéciales, qui vous paraîtront les plus dignes de fixer l'attention de la future Assemblée.

Florence, le 1er mars 1866.

Dr Pierre Maestri.

Monsieur et très-honoré Collègue!

. . . . . En ce qui concerne mes vues sur les objets de l'ordre du jour du Congrès de Florence, je dois avant tout vous faire observer, mon très-honoré Collègue, que vous trouverez une énumération exacte des questions réservées pour le VI Congrès, aux pages 54 et 55 de mon écrit, intitulé : « Les résolutions du Congrès international statistique, » et que j'ai eu le plaisir de vous transmettre auparavant. C'est un tiré-à-part des numéros 1, 2 de l'année 1864 de mon journal.

Ensuite, pour être mis, comme sujets nouveaux à traiter, sur l'ordre du jour, nous avions, dans nos pourparlers à Berne, désigné ceux-ci:

I. **Théorie et technique de la Statistique:**

Terminologie unitaire de la statistique.

II. **Organisation de la Statistique:**

1. Union plus intime de la Statistique officielle avec la statistique privée par la fondation d'un réseau des Sociétés de statistique, en guise des Sociétés ou Comices agricoles.
2. Centralisation et décentralisation de la Statistique officielle; détermination de la position de la statistique vis-à-vis de la législation et de l'administration.
3. Annonciation et échange réguliers des publications officielles de statistique; franchise de port pour les envois statistiques;
4. Division du travail relativement à la statistique comparée, c'est-à-dire, sa distribution parmi les différents bureaux de statistique de premier ordre.

III. **Organisation du Congrès international Statistique:**

1. Journal du Congrès pendant la période de ses sessions (semblable à celui qui fut établi au Congrès de Berne en 1865);
2. Création d'une rubrique permanente dans chaque programme des Congrès: exécution des résolutions de la dernière session;
3. Nécessité d'une représentation plus étendue de la statistique officielle; c'est-à-dire, arrangements à faire à fin que les différents sujets spéciaux inscrits sur l'ordre du jour du Congrès, soient plus largement représentés (officiellement);
4. Etablissement d'une Commission permanente du Congrès.

IV. **Dénombrement et description de la population.**

1. Dénombrement de la population de droit et de fait;
2. Objets de la description de la population, ou démographie;
3. Le caractère ou l'assiette politique (la vie politique) de la population.

V. **Production et consommation agricoles:**

1. Production et importation;
2. Consommation et exportation;
3. Arrangement des tables de récolte.

VI. **Monnaies et crédit financier.**

1. Le monnayage (argent monnayé);
2. La fabrication de papier-monnaie de toute sorte;
3. Circulation monétaire.

J'avais d'abord l'intention de spécialiser davantage les objets susnommés et d'en dire mon opinion plus au long, surtout de quelle manière ils devraient être, à mon avis, traités statistiquement; mais il m'a semblé qu'en faisant cela je m'exposerais à préjuger les opinions d'autrui; et c'st par cette raison que je m'en désiste ici. Si cependant vous desiriez savoir mon opinion plus motivée sur l'un ou l'autre des sujets en question, je serais toujours heureux de vous la faire parvenir.

Votre circulaire aux Collègues est excellente; et tout le monde sera non seulement charmé d'assister au Congrès de Florence, mais fera aussi, j'en suis convaincu, tout son possible pour que le Congrès égale et même surpasse, sous le rapport de l'utilité et de la portée pratique ses prédécesseurs. Et certes, d'un bon augure sous ce rapport est, avant tout, que S. A. R. le Prince héréditaire a daigné en accepter la présidence.

En ce qui touche l'Allemagne, je compte vous amener bon nombre de gens bien versés dans la science; et leur nombre sera d'autant plus grand que le voyage et le séjour à Florence leur seront rendus moins coûteux. Je m'évertuerai, quant à moi, à déterminer les administrations des chemins de fer allemands à réduire leurs prix; l'occasion m'en sera fournie d'autant plus facilement que les Administrations vont sans doute être invitées au Congrès, comme elles le furent à celui de Berlin. Tâchez, mon cher ami, de faire autant, de votre part, quant aux chemins de fer et lignes des bateaux à vapeur d'Italie.

Veuillez agréer, mon cher et très-honoré Collègue, les assurances réitérées de la considération la plus distinguée, de

Berlin, le 27 janvier 1866.

Votre tout dévoué
D. Engel.

Très-cher Monsieur,

La confiance que vous m'inspirez, vous et la Commission italienne, est si entière que je n'ose me permettre que de vous suggérer de simples dispositions:

En Angleterre, nous avons soumis au Congrès:

1) certaines choses dont nous avions fait nous-mêmes l'expérience et qui avaient produit d'heureux résultats;

2) puis d'autres matières dont nous ressentions vivement le besoin, et dont nous paraissaient privés les autres pays.

Faites qu'en Italie les congrès acquièrent de la popularité.

Ce sera une mesure de la plus grande utilité que celle d'obtenir des rapports hebdomadaires de toutes les principales villes d'Europe: cet usage existe chez nous; nous en devons l'initiative à l'Italie.

Les considérations qui appuient cette mesure sont exposées dans les documents ci-joints.

Veuillez prendre en considération cette proposition, et, en cas que vous en reconnaissiez l'utilité, faites-en la motion à votre Commission.

En Angleterre, nous nous occupons pour la première fois du recensement du bétail.

Il serait à désirer qu'une pareille énumération du bétail se fît dans les autres États d'Europe, avec les indications de sexe et d'âge, appuyée de rapports spéciaux sur le nombre annuel:

1) des bêtes abattues;

2) des bêtes mortes de maladie pour chaque catégorie de bétail.

Si quelqu'un de mes collègues me suggère quelque autre chose qui me semble utile, je m'empresserai de vous en faire part.

J'ai l'honneur d'être,

Londres, 22 février 1866.

Votre collègue
GUILLAUME FARR.

MONSIEUR ET TRÈS-HONORÉ CONFRÈRE.

Les Congrès de statistique ne deviendront jamais, à mon avis, tout à fait *internationaux*, qu'après avoir parcouru les Capitales des principaux États et durant toutes ces migrations conservé un caractère essentiellement *national*. Leur empreinte nationale, loin de mériter des reproches, est au contraire à mon opinion un avantage réel. On doit connaître toutes les particularités nationales, pour mieux réussir dans les tentatives d'une généralisation internationale.

Pour ma part j'espère, que le Congrès de Florence va nous présenter un caractère non moins national, que ses prédécesseurs, c'est à dire, qu'il nous fournira des moyens à entrevoir quelles sont les questions statistiques, dont s'occupe par préférence l'attention du pays, quels sont les moyens d'exécution des enquêtes statistiques, qu'y sont reconnus les plus efficaces, quels sont les obstacles, qui s'y opposent aux recherches statistiques dans les différentes branches etc. etc.

Le pays, qui a été le berceau de la civilisation, doit être très-riche en expérience de la plus haute valeur.

Vous m'avez invité à donner mon avis sur les préparations du Congrès. L'intérèt, qu'a porté mon pays depuis longtemps pour le développement de quelques branches de la statistique, m'autorise à ne regarder cette invitation que comme l'expression de votre politesse. Mais en vous soumettant quelques résultats de mon expérience des Congrès, quelques vœux très humbles fondés sur cette expérience, je vous prie de bien vouloir les accepter comme le témoignage de mon intérêt personnel pour le Congrès, sans aucune prétention de mériter l'attention des hommes illustres, qui composent la Giunta. Convenu, qu'on a été toujours obligé à abréger les discussions, à traiter beaucoup de questions trop rapidement, jè crois, qu'on n'aura pas à craindre, qu'un programme très succinct ne suffirait pas au temps accordé à la discussion. Pour moi un très-petit nombre de questions bien approfondies valent mieux, qu'une foule de projets, dont l'exécution aura peut-être des difffcultés pratiques insurmontables: les questions ajournées des Congrès antérieurs formeraient déjà à elles seules des masses suffisantes. Je n'ai donc rien de nouveau à vous proposer pour le programme.

Tout à fait d'accord avec M. Quetelet je regarde la réunion des délégués officiels, des personnes chargées à diriger les enquêtes statistiques et d'en élaborer les résultats, comme étant encore un but principal de nos Congrès. Pour rendre cette réunion d'autant plus utile, elle doit s'adonner de préférence aux questions pratiques des bureaux et des commissions statistiques, savoir, le mécanisme des interrogatoires, des contrôles, du dépouillement, de la publication, de la distribution et des échanges etc. le succès des tentatives pour l'exécution des vœux des Congrès, les dépenses, le support de la part du Gouvernement, de la représentation, du public etc. etc.

Comme point de départ des délibérations d'une telle réunion des Directeurs et employés des bureaux, je regarde l'exposition aussi complète que possible des publications officielles et des questionnaires etc. des différents États.

Pour éviter les discussions infructueuses et même ridicules sur le procédé de communication des rapports des Délégués il serait à mon avis très important, que MM. les Délégués officiels soient de bonne heure invités à faire imprimer leurs rapports pour être distribués déjà à la première entrevue. Je m'imagine que, l'occasion ayant été ainsi donnée à parcourir d'avance les rapports, la salle d'exposition devait pendant quelques jours réunir les Délégués officiels, et leur offrir le moyen d'exposer de la manière la plus convenable chacun ce qu'il désirait soumettre à la connaissance et au jugement de ses Collègues.

Quant, à la première séance publique du Congrès, les Délégués, selon l'ordre alphabétique des pays, devaient être invités à communiquer leurs rapports: tous ceux, qui les avaient déjà présentés au bureau imprimés, n'auraient qu' annoncer publiquement le recours au bureau. Pour le petit nombre des communications orales le temps deviendrait ainsi suffisant.

Le projet de M. Engel sur l'organisation des Congrès, qui doit être discuté par la Commission spéciale, dont j'ai l'honneur d'être membre aussi, exige déjà une réunion préalable des membres de cette Commission. Je me prends donc la liberté de vous proposer la convocation des Délégués officiels environ une semaine avant l'ouverture solennelle du Congrès, pour s'acclimatiser, se familiariser et s'occuper tranquillement des choses, que je viens d'indiquer.

Stockholm, le 23 février 1866.

Berg.

Monsieur et honoré Confrère,

Je suis fort en retard avec vous, et je me le reproche vivement, mais vous n'avez pas idée de la vie que je mène depuis quelques mois. A mes nombreuses occupations ordinaires s'en joint une autre, comme président d'un jury chargé de décerner le prix quinquennal fondé, il y a quelques années, pour les ouvrages d'auteurs belges, parus en Belgique dans le domaine des « sciences morales et politiques. » Nos conclusions doivent être renfermées dans un rapport, où l'on passe en revue le mouvement intellectuel des cinq dernières années.

Puis, chacun de nous est très-occupé. Pour m'acquiter de la promesse que je vous avais faite il y a six mois à Berne, j'avais formulé des questions. Tout en approuvant mes vœux, mes idées, mes tendances, pour plusieurs motifs MM. Quitelet et Heuschling ont émis l'opinion qu'elles ne convenaient pas, les deux premières au moins, pour le futur Congrès. Je tiens au fond des choses, plutôt qu'à l'honneur ou au danger de me mettre en avant. Afin de vaus prouver que j' avais pensé à vous, je vais vous énumérer les questions pour lesquelles j'avais fait un travail préparatoire; ensuite, je vous exposerai les motifs assez fondés pour lesquels ces Messieurs n'ont pas opiné en faveur de ces questions.

1re *Question*. Utilité de l'institution d'un état civil, pour l'enregistrement des naissances, des mariages et des décès. — Le système du Code civil français (Code Napoléon) proposé comme modèle. — Lacunes que renferme ce système. — Paragraphe à ajouter à l'art. 57, afin d'y mentionner, autant que possible, la date et le lieu de naissance des père et mère, et de permettre de remonter en arrière pour constater les filiations, ce qui est si souvent précieux pour des succession de collatéraux éloignés.

2e *Question*. Améliorations à apporter à la rédaction des tables décennales d'état civil. — D'après le système de la loi du 20 septembre 1792, et du décret du 20 juillet 1807, en France, les expéditions de ces tables se font en triple (en Belgique d'après une loi dn 2 juin 1861 en double); mais toutes ces expéditions se font par communes. Si, en moyenne, par département il y a 300 communes, tous le dix ans on reçoit 300 tables. Quel avantage, en suivant l'ordre alphabétique des noms, il y aurait à les fondre en une seule table! Quelle facilité pour les recherches! Pour un siècle il n'y aurait donc que dix tables au lieu de 3000. Mais que de difficultés prévenues pour l'avenir si, avant d'entâmer des recherches, on ne produisait pas des désignations suffisantes de dates ou de départements! Si, par exemple, on se bornait à dire: Mon arrière-grand-père était de Bretagne ou de Franche-Comté... Le plus souvent, surtout pour les personnes dénuées de fortune, les recherches seraient impossibles. — Dans les petits États, il suffirait d'une table centrale, dans le Capitale. — Comme, dans le système actuel, chaque commune aurait une table décennale de ses actes de l'état civil. Mais, en supposant une inspection active, elle dresserait elle même cette récapitulation de ses tables annuelles.

3e *Question*. Par suite de conventions et d'usages établis, les princes régnants et des personnes princières correspondent entre elles avec franchise de port. Dans les arrangements pris par l'union postale allemande avec la maison princière Latour-et-Taxis, la franchise de port est attribuée aux autorités constituées entre elles, d'un État allemand à un autre. Y aurait-il obstacle, après une étude minutieuse de la question, d'établir aujourd'hui en Europe la franchise de port pour les correspondances d'un Gouvernement à un autre, des Gouvernement avec leurs agents à l'étranger, ou autre fonctionnaires pour le besoin de leurs services? L'avantage de ce système, en facilitant la transmission des dépêches, est qu'il épargnerait des détails nombreux de comptabilité; comme on n'a que des différences à payer, on admettrait peut-être qu il y a compensation, et l'on partirait de cette base. — Des conventions régleraient les formalités du contre-seing et préviendraient les abus.

Cette dernière question n'est pas assez étudiée. M. le D. Engel la traitera d'ailleurs en se mettant uniquement au point de vue de la transmission des documents statistiques.

Quant aux deux premières questions, m'ont dit MM. mes collègues, elles n'intéressent que les délégués des pays qui possèdent un état civil. Ce n'est pas aux Congrès de statistique de conseiller les gouvernements étrangers et de les exciter à introduire des perfectionnements dans leur législation intérieure. Ce sont là des questions qui intéressent surtout des jurisconsultes; le plus grand nombre des membres courraient le risque de n'en pas comprendre la portée. — Je me suis rangé à leur avis.

Je m'occupe maintenant de la réponse à M. Engel relativement à l'organisation des Congrès. En me bornant à vous accuser réception de votre lettre du 14 février, j'aurai l'honneur de vous entretenir de cet objet une prochaine fois. — Parmi les questions à poser, n'oubliez pas l'uniformité des poids et mesures. — Je me fais une fête, si rien ne vient à l'encontre, de revoir votre admirable Capitale et la glorieuse Italie, aujourd'hui libre, grande et forte. Avec tous mes vœux patriotiques pour sa félicité, veuillez accueillir, Monsieur et honoré Confrère, l'expression de mes sentiments sympathiques d'estime et de considération tres-distinguée.

Bruxelles, 18 mars 1866.

Ang. Visschers.

Cher Collègue,

Vous m'avez fait l'honneur de me demander mon avis sur le choix des matières qui pourraient utilement figurer au programme du 6me Congrès de statistique. Je ne dois pas vous dissimuler que j'éprouve un très grand embarras à vous signaler une question de quelque importance qui n'ait pas déjà été l'objet de l'examen des assembées précédentes. Il est certain que tous les grands intérêts économiques, sociaux, moraux, qui peuvent être l'objet d'une enquête statistique, sont aujourd'hui complètement épuisés, et, d'un autre côté, il ne s'est produit, depuis notre dernière réunion à Berlin, aucun fait nouveau de nature à intéresser vivement les savants ou les Gouvernements.

La *moisson* est donc faite, et il ne resterait donc plus au Congrès de Florence que la triste ressource du *glanage*, si la Commission organisatrice, dont vous êtes l'âme, ne prenait pas, cher Collègue, le parti un peu héroïque que je vais vous proposer.

Depuis que le Congrès fonctionne, il a, d'une part, dressé le programme d'un grand nombre de recherches statistiques; de l'autre, il a modifié successivement, sur divers points plus ou moins importants, ces mêmes programmes. Il en résulte, pour celui qui veut connaître sa pensée toute entière sur le même sujet, sur la même question, un travail considérable résultant de la nécessité de recueillir et de rapprocher des textes épars dans cinq volumineux comptes-rendus.

Ceci posé, je crois que le moment est venu de réunir tous les programmes déjà votés, en les modifiant dans le sens des exigences nouvelles (s'il s'en est produit) de la science et du Gouvernement, et de soumettre au Congrès de Florence un grand *travail de codification* qui embrasserait, je le répète, en les complétant, toutes les matières déjà élaborées par les assemblées précédentes.

Ce projet de *Code de la statistique* embrasserait: 1° le *territoire* (superficie, répartition de cette superficie par grandes masses de culture, orographie, hydrographie, météorologie, voies de communications); 2° la *population* (recensements périodiques, mouvement annuel, émigrations et immigrations); 3° les *forces productives* (agriculture et industrie, pêche et chasse); 4° les *échanges* (commerce intérieur extérieur); 5° les *consommations;* 6° les *prix et salaires;* 7° Le *Gouvernement* et *l'administration* (finances générales et locales, recrutement, assistance publique et institutions de prévoyance, justice civile et criminelle, statistique pénitentiaire, statistiques postales et télégraphiques (les transports par la voie d'eau, de terre et de fer devant figurer au commerce et à l'industrie); statistique des phares, bouées et balises; moyens de sauvetage; statistique des sinistres de toute nature et des assurances contre ces sinistres dans leur rapport avec l'État etc.)

Si, cher Collègue, ma proposition vous paraissait devoir entraîner un travail trop considérable, et supérieur au moyen d'exécution dont vous disposez, il me resterait à vous entretenir d'un certain nombre de projets d'enquête qui (autant que ma mémoire puisse me servir), n'ont pas encore occupé l'attention du Congrès.

Je vais les énumérer très-rapidement, sauf à préparer, sur votre demande, un questionnaire développé que vous compléteriez au besoin.

I. Statistique physique.

1° Poids, taille, volume de la tête et capacité thoracique de l'homme et de la femme aux divers âges (je recueille, en ce moment, dans nos prisons, des renseignements assez intéressants sur ce point.)

2° Statistique de l'aliénation mentale à domicile et dans les asiles, (l'accroissement de cette triste maladie en Europe affille une étude approfondie de tous les faits qui s'y rettachent; or le cadre tracé par le Congrès de Paris est de beaucoup insuffisant.)

3° Statistique du suicide (l'apparente connexité entre l'accroissement de la folie et du suicide me paraît exiger une investigation toute spécialo des circonstances dans lesquelles il se produit.)

II. Statistique morale.

1° Statistique pénitentiaire (sexe, âge, état civil, degré d'instruction, origine, nationalité, culte, professions antérieures à la détention, causes de la détention, *morbidité* et mortalité d'après le sexe, l'âge et la durée de la détention.)

III. Statistique économique.

1° Conditions de la production agricole et manufacturière (impôts généraux et laucaux, taux des salaires, prix à l'usine des matières premières et de l'outillage pour l'industrie, de l'outillage, des animaux et des véhicules pour l'agriculture; prix des transports par unité kilométrique sur les voies de fer, de terre et d'eau pour les diverses catégories de produits; état du crédit agricole et commercial; législations douanières; nombre des entrepôts réels et fictifs; magasins généraux et législation relative aux ventes publiques; écoles et musées; expositions, primes, récompenses honorifiques; sociétés d'encouragement, comices et autres sociétés agricole.

2° Commerce intérieur (en déterminer l'importance et le caractère par les faits ci-après: Législation relative au droit de faire le commerce; commerces libres et non libres, commerces prohibés; conditions d'âge, de moralité, de capacité exigées ou non exigées; nombre de patentables — impôts généraux et locaux; profit moyen de chaque nature de commerce; quantités et valeur des objets fournis à la consommation locale par le commerce intérieur, (déterminées d'après la différence entre la qualité de matières premières fournies par le travail indigène et l'étranger et celle des produits provenant de ces matières qui est exportée); institutions commerciales (chambres de commerce, bourses, etc.) état du crédit; foires et marchés.

3° Statistique du monnayage (organisation administrative du monnayage; origine des matières premières du monnayage, (lingots, objets d'or et d'argent); monnaies étrangères; prix de revient du frappage des piéces d'or, d'argent, de cuivre, de bronze, de billon, de nickel; tarif des droits de monnayage à payer par le public qui porte des métaux précieux aux hôtels des monnaies; durée moyenne des monnaies de toute nature d'après l'époque des refontes; valeurs et quantités des monnaies annuellement frappées; degré de finesse ou *aloi* des diverses monnaies; mouvement de sortie et de rentrée des monnaies nationales; statistique annuelle des crimes de fabrication et d'émission de fausse monnaie.

4° Statistique des incendies et des sinistres agricoles; nombre annuel des incendies d'après la nature de l'objet incendié, (maisons de ville et de campagne; récoltes pendantes et engrangées, bâtiments d'exploitation, usines, bois et forêts, etc.); nombre des propriétaires incendiés; valeur des objets incendiés; causes présumées ou réelles de l'incendie; objets incendiés qui étaient ou n'étaient pas assurés; indenmités payées par l'État; remises ou modérations d'impôts accordées aux victimes des incendies; statistique et organisation des moyens de secours en cas d'incendie; matériaux de construction des constructions incendiées.

Sinistres agricoles autres que les incendies: nature et valeur des récoltes détruites par la grêle, par la gelée, par les débordements des cours d'eaux, par la violence du vent et de la pluie; superficies ravagées par ces éléments de destruction; fréquence et durée de leur action, (pour les débordements, la grêle et l'ouragan; situation des superficies ravagées par la grêle et l'ouragan au point de vue du voisinage des bois et forêts; nombre des propriétaires atteints; indenmités remises et modérations d'impôts.

5° Statistique de la chasse et de la pêche.

a) Chasse. — Résumé rapide de la législation au point de vue de droit de chasse; nombre des permis demandés, délivrés, refusés chaque année; prix du permis; produit total annuel; portion de ce produit appartenant à l'État et aux communes; quotité du droit sur les chiens du chasse; prix divers de la poudre de chasse, (là où sa fabrication est un monopole de l'État); selon le degré de finesse; produit de la vente de la poudre de chasse; produit de la location de la chasse dans les bois de l'Etat ou des communes; évaluation des quantités de pièces de gibier mises en vente annuellement dans les marchés soumis à la surveillance de l'autorité, ou dans les villes à octroi; mêmes renseignements, dans les villes, pour les envois à domicile; prix moyen des diverses pièces de gibier;

quantité et valeur des pièces de gibier importées; époques de l'ouverture et de la fermeture de la chasse et de certaines chasses spéciales; statistique des délits de chasses et des crimes commis par les braconniers; statistique des industries qui fabriquent des armes et des équipements de chasse; valeurs approximatives des armes et équipement.

b) Pêche — 1° Grande pêche: nombre, tonnage, équipage, ports d'armement et valeur vénale des bâtiments employés à cette pêche, quantité et valeur des engins de pêche et des approvisionnements de toute nature; quantité et valeur, d'après leur nature, des produits de la pêche rapportés ou vendus en route; montant annuel des primes d'encouragement; *morbidité* et mortalité, selon les lieux, des équipages pendant la durée de la pêche; quantité et valeur de l'importation étrangère du produit des grandes pêches.

2° Petite pêche: Analyse de la législation; superficie des cours d'eau navigables ou non, sur lesquels s'exerce le droit de pêche; nature des pêches qui ne peuvent être faites qu'avec l'autorisation de l'Administration; montant du produit, au profit de l'État ou des communes, des permis de pêche; époques de l'ouverture et de la fermeture de la pêche; quantité et valeur des diverses natures de poissons apportés sur les marchés ou envoyés à domicile; importation du produit de la petite pêche; statistique des délits de pêche; statistique des industries qui fabriquent les engins et les bateaux de pêche,

Je désire, cher Collègue, que quelques-uns des sujets dont je viens d'esquisser le programme vous paraissent de nature à appeler utilement l'attention du 6me Congrès et je saisis cette occasion de vous renouveler l'assurance de mes sentiments bien dévoués.

Paris, le 20 mars 1866.

A. Legoyt.

Monsieur et très-honoré Confrère,

Je me félicite de l'heureuse nouvelle que la sixième Session du Congrès aura lieu cette année au mois d'octobre à Florence. J'espère en général que les questions auront un but éminemment pratique et surtout qu'on n'encombrera pas le programme de trop de questions ou résolutions, ce qui a bien été un peu le défaut des précédents Congrès. Il est à désirer: 1° qu'on puisse traîter les questions à fond; 2° que le nombre de sections soit aussi restreint que possible, et surtout qu'on ne traite pas deux questions analogues ou qui intéressent une personne dans deux différentes sections.

Tel a été entre autres le cas dans les questions: *Populations et assurances sur la vie* au Congrès de Berlin. J'ai dû assister à la première section: *Organisation du recensement et de la démographie* et je n'ai pu assister à la cinquième: *Prévoyance, assurances*; quoique les tables de mortalité soient le corollaire de la population et que l'une matière ne puisse être traitée à fond sans la connaissance de l'autre. Quant aux résolutions générales du Congrès je me permets une remarque. Pour les résolutions générales, telles que franchise de port pour les envois de documents statistiques, uniformité de poids et mesures, introduction générale du calendrier grégorien, de cahiers judiciaires, etc., il ne suffit pas de l'impression dans le compte-rendu. Ces résolutions de la plus haute importance devraient être dorénavant imprimées séparément, et de ce feuillet on devrait envoyer une demi-douzaine d'exemplaires, avec une chaude recommandation pour l'exécution, de gouvernement à gouvernement, c'est à dire, par voie diplomatique. De cette manière on rendrait les résolutions plus efficaces. Ce serait une contrainte morale pour les gouvernements de s'y conformer. Que se fait-il maintenant? Le délégué du Gouvernement, ordinairement fonctionnaire en sous ordre, de retour dans ses foyers, fait part des résolutions à son Ministre. Le Ministre, très-occupé ne répond pas ou ne fait que semblant de répondre. Si la demande venait avec un certain empressement de la part du Ministre des affaires étrangères faisant partie du gouvernement où le Congrès a siégé, le Ministre des affaires étrangères néerlandais s'empresserait de distribuer les feuillets entre ses Collègues, les questionnant sur une réponse pour la transmettre à son Collègue à l'étranger. Je crois que le gouvernement italien rendrait un grand service à nos réunions et augmenterait de beaucoup l'efficacité des décisions s'il ouvrait cette voie diplomatique.

La statistique de la population reste toujours le *hinc musarum primordia* des réunions statistiques. La question de M. Fabricius de Darmstadt sur la population de fait et de droit (tom. II, p. 123 & suiv. du compte-rendu de la cinquième Session du Congrès) est remise à la prochaine Session. Pendant les dix-huit ans que je suis à la tête du bureau de la Statistique, j'ai fait deux recensements décennaux de la population; le premier *sans*, le second *avec* l'assistance de onze chefs de bureaux de statistique des provinces. Lors du premier recensement nous avons recensé d'après la population de fait en divisant la population d'après le séjour, en habituel, momentané et de passage et en priant en même temps d'inscrire sur le dos des bulletins les absents avec distinction de sexe (nous nommons population de fait toute population qui se trouve dans une commune le jour du recensement où y a passé la nuit précédente). Qu'arriva-t-il? Les présents momentanés ou de passage étaient de beaucoup plus nombreux que les absents, d'où la conclusion que les omissions de ces derniers ont été très-grandes.

Nos registres de la population prescrits par arrêté royal du 22 décembre 1849 (Journal officiel, n. 64), ne pouvaient contenir que la population de droit, ou tous ceux qui ont leur domicile légal d'après notre Code civil, (analogue à ce sujet au Code civil français) dans la commune. Les mineurs, les personnes sous curatèle étaient inscrites dans la commune, où le tuteur et le curateur sont domiciliés, quoique souvent ils n'ont ni habité ni même fréquenté cette commune. Sous ce système les militaires en garnison, dont le séjour était considéré comme temporaire, pour la plus-part n'étaient pas inscrits dans les registres de population. La population domiciliée ou inscrite dans les registres était toujours de beaucoup inférieure à la population de fait. Les mineurs devenus majeurs restaient inscrits quoique n'habitant pas, ou plus, la commune, d'où résultait que plusieurs personnes étaient inscrites dans les registres de plus d'une commune.

Pour parer à toutes ces difficultés nous avons entièrement rompu avec la population de droit, ou le domicile légal, dont nous avions appris à connaître toutes les défectuosités par une expérience de dix ans, un tas de plaintes et maintes lettres de la part des communes.

Notre loi communale du 29 juin 1851 préscrit la tenue de registres de population et fixe le nombre des membres du Conseil communal et d'échevins d'après le nombre d'habitants à l'époque de chaque recensement; la loi électorale du 4 juillet 1850 fixe le nombre des membres de la seconde Chambre des représentants du peuple ou des États-généraux dans le rapport de un sur 45,000 habitants.

Il était donc d'urgence de connaître la population réelle de chaque commune. Pour y parvenir on a fait et donné les résultats du dernier recensement au 31 décembre 1859, en double: 1° *Population* de fait ou toutes personnes présentes dans la commune au jour du recensement, pag. 166-339 au premier volume de notre dernier recensement: 2° *Population réelle*, ou toutes personnes présentes ou absentes au jour du recensement, déduction faite, des temporairement présents, pag. 342-457; le second volume donne aussi la population par âge et par professions ou conditions tant pour la population de fait, que pour la population réelle. Chaque bulletin de famille avait quatre colonnes séparées pour l'inscription de la demeure, ou du lieu où l'on était habitué de séjourner: 1° Dans la commune; 2° Autre commune du Royaume; 3° Les colonies néerladanises; 4° L'étranger. Noms, prénoms et autres données des personnes, qui avaient déclaré habiter dans une autre commune que celle de l'inscription, étaient transcrits sur des bulletins séparés, et ces bulletins envoyés à la commune d'habitation pour les confronter avec les données des absents. Pour ne pas confondre les présents avec les absents on était obligé d'inscrire les absents de chaque famille sur le dos du bulletin en mentionnant la commune, ou le pays où ils se trouvaient temporairement. On considérait comme habitation réelle, la commune où l'on habite la plus grande partie de l'année, quant aux personnes qui d'habitude habitent une partie de l'année en ville et à la campagne. En éliminant de la sorte des bulletins du recensement les absents et les présents temporairement, restaient tous ceux qui, présents dans la commune au jour du recensement, en étaient les véritables habitants. Pour avoir la population de fait ou recensée dans chaque commune comme présente au jour du recensement, on n'avait qu'à y ajouter les présents temporairement vérifiés ou controlés auparavant dans la commune de leur habitation réelle. Pour avoir la population réelle (en omettant les présents temporaires) on n'avait qu'à ajouter, les absents dûment vérifiés et controlés avec leurs données au lieu de présence temporaire. C'est ainsi que je suis parvenu, non sans beaucoup de travail et maintes correspondances, de recevoir de chaque individu, sur une population de 3 millions d'habitants, en sa double qualité, de membre de la population de fait et de membre de la population réelle, le sexe, le jour, le mois, l'année de sa naissance (pour éviter tout mal-entendu et surtout pour éviter les fraudes du beau sexe, pour l'inscription dans les registres de population, nous avons lors des deux derniers recensements subtitué l'année de naissance à l'âge. Le bas peuple du moins chez-nous est plus au courant de l'année de sa naissance), l'état civil, la religion, la profession ou la condition et les données sur les aveugles et sourd-muets. Nos registres de la population, renouvelés d'après ce principe par arrêtés royaux de 3 novembre 1861 (Journal officiel n. 94 et 95), sont très bien, donnent lieu à très-peu de réclamations et sont une source féconde pour les renseignements des différentes administrations communales, postales, de police, etc.

Pour bien définir l'habitation, je transcris les articles de l'arrêté royal du 3 novembre 1861, qui s'y rapportent: Art. 3. Sont inscrits (dans les registres de population d'une commune) toutes personnes qui habitent réellement dans la commune et y ont leur séjour habituel et continuel.

Art. 4. Sont inscrites toutes personnes qui, quoique non sans interruption, y séjournent la plus grande partie de l'année. Ceci concerne ainsi les personnes dans des établissements publics ou privés, dans des casernes et autres bâtiments militaires et sur des navires.

Art. 5. Les personnes qui habituellement ne séjournent pendant l'année continuellement ou la plus grande partie de l'année dans aucune commune fixe, mais restent un temps indéfini dans les registres de la commune: 1° Où par leurs fonctions, ou par des obligations imposées par les lois elles sont obligées de séjourner; 2° Si ces obligations n'existent pas, où elles exercent leur profession principale, où elles ont le siége de leur fortune ou contribuent le plus aux contributions personnelles; 3° Les personnes à métier ambulant sont inscrites dans la commune où elles peuvent être considérées avoir leur chez-soi, (l'inscription de ces dernières, où viennent ce classer les vagabonds et mendiants, est la plus difficile).

En somme il n'y a que une sorte de population digne des recherches statistiques, c'est la population réelle, qui exige des recensements périodiques de la population et la tenue régulière des registres de la population. Le chiffre de la population de fait dépend entièrement de circonstances momentanées. Un village de pêcheurs aura 1000 habitants le jour du recensement, 2000 quelques jours plus tard. Dans une ville à plusieurs écoles où universités la population différera de mille âmes et plus à mesure qu'on recense hors ou dans les vacances. Dans une ville à forte garnison la population peut différer à l'époque des campements *extra muros* de 2000 âmes et plus. La population de droit, population purement législative et administrative, est pour la statistique une fiction et un pitoyable expédient.

Les données sur le mouvement annuel de la population laissent beaucoup à désirer dans plusieurs pays. Sans données exactes sur ce mouvement, nulle possibilité de connaître le chiffre de la population pour les années qui séparent les recensements.

Les registres d'église ou de baptême, tels qu'ils existent encore dans une partie de l'Allemagne, Suède, Russie, etc., sont une institution défectueuse. Tout parent ne fait pas baptiser ses enfants, surtout quand il s'agit de naissances illégitimes et adultérines; la lacune est encore beaucoup plus grande pour les mariages, où, pour plusieurs motifs, les conjoints n'observent pas les rites religieux. Tous les décès de régnicoles hors du pays ou à l'étranger échappent à ces registres, ainsi que les morts-nés et la plus part des décès par crime. Le gouvernement, et voilà le grand mal, n'a aucun moyen de contrainte. Les registres du *registrar général office* à Londres sont de beaucoup préférables aux registres des églises, mais manquent de tout caractère pénal et obligatoire. Ce qui fait qu'en Angleterre on ne connaît pas les morts-nés. Le rapport si favorable des naissances illégitimes aux naissances légitimes dans les grandes villes d'Angleterre est la preuve que plusieurs naissances illégitimes ne sont pas enregistrées.

Les Anglais, qui meurent en voyage ou hors du pays, et leur nombre est grand, jouissent d'une vie éternelle, ne paraissent jamais comme décédés dans les registres du *general office.*

Il n'y a qu'une institution qui fait connaître d'une manière exacte et régulière le mouvement de la population: ce sont les registres de l'état civil avec leurs peines comminatoires en cas de transgression, tant contre les officiers chargés du service, que contre les particuliers. Ce service exige l'inscription de toute naissance, de tout mariage, de tout décès de régnicoles, tant dans le pays, qu'à l'étranger. Ce service fonctionne avec la plus grande régularité dans mon pays, depuis 1803, dans la France, la Belgique et dans votre pays, si je ne me trompe, en partie.

L'introduction générale de ces registres dans tout pays civilisé serait le plus grand bienfait pour la réalisation de l'uniformité dans les données statistiques sur le mouvement annuel de la population. A cet égard l'arrêté royal du 3 novembre 1861 contient deux prescriptions qui méritent d'être mentionnées.

Art. 12. Lorsqu'un enfant est né dans une autre commune que celle où les parents ont leur habitation réelle, l'administration de cette commune doit dans l'espace d'un mois en informer l'administration de la commune où les parents habitent.

L'art. 13 contient la même obligation en cas de décès hors de la commune que le décédé a réellement habité.

Agréez, monsieur, l'assurance de ma haute considération.

La Haye, 22 Mars 1866.

M. M. DE BAUMHAUER.

M. Quitelet, Président de la Commission de Statistique de Bruxelles et M. Hermann, directeur du bureau de Statistique de Munich, m'ont honoré également de leur sages considérations. Qu'il me soit permis de leur en témoigner ici ma reconnaissance.

M. Heuschling, directeur du bureau de Statistique du Bruxelles, a signalé à mon attention (le 1er mars 1866), une question laissée sans solution au Congrès de Berlin, l'organisation de la statistique internationale en la rattachant à la diplomatie dans le sens de sa note imprimée à la page 94 du Compte-rendu officiel, tome II in-4°, convaincu comme il est que ce moyen est le seul efficace d'assurer les relations de nation à nation en matière de statistique officielle.

Comme dernier document, je reproduis ici la lettre adressée par moi à Monsieur Wisschers, rapporteur pour la Commission internationale, chargée de référer dans la prochaine session sur la question de la réorganisation du Congrès. La Commission se compose de Messieurs: — D'Avila de Lisbonne — Dr de Baumhauer de La Haye — Dr Berg de Stockholm — Dr Engel de Berlin — Dr Farr de Londres — Dr Ficker de Vienne — Legoyt de Paris — Dr Maestri de Florence — Dr Schubert de Königsberg — De Ssemenow de St-Pétersbourg — Wisschers de Bruxelles.

Monsieur, et très honoré Collègue!

Le plan de l'organisation du Congrès, comme il a été proposé dans les séances de Berlin, souleva plusieurs objections qui méritent de fixer l'attention de nos confrères de la Commission internationale. Si d'un côté l'institution du Congrès peut être réglée de manière à lui assurer une plus grande stabilité et une base d'opération plus large, de l'autre côté il faut bien lui conserver son caractère officiel d'où dépend sa principale importance et son utilité pratique. Le but que le Congrès se propose est double; il cherche, 1°, à intéresser les gouvernements de l'Europe à la confection identique et simultanée des statistiques pour que les termes en soient comparables et que les faits soient observés, dans l'intérêt de la science, selon une méthode commune et uniforme; 2°, à tirer à lui et à s'associer dans le travail les statisticiens libres, en les invitant à mettre en commun leurs idées et les résultats de leurs recherches. Et c'est précisément à cause de ce double but che le Congrès a pu devenir en très-peu d'années une vraie institution européenne. Mais dans la réorganisation qu'on lui prépare il ne faut pas méconnaître ces tendances, ni diminuer la portée de l'une au détriment de la valeur de l'autre, puisque ce serait faire perdre au Congrès les avantages que le concours simultané des deux éléments peut seul lui assurer. En effet si l'on prétend d'organiser cette institution dans le sens d'une simple fédération des organes officiels de la statistique, son importance serait très-amoindrie, et il ne lui resterait qu'un intérêt purement bureaucratique. Si on la soustrait à l'action des gouvernements ou la dépouille de ses fonctions principales et on la transforme en une espèce d'académie scientifique, dont la valeur pratique serait fort contestable.

Pourquoi le Congrès changerait-il d'organisation? Pourquoi renoncerait-il à l'appui des gouvernements, qui seuls peuvent le mettre à même de pourvoir à la continuité de sa vie et aux progrès de ses travaux? Pourquoi cesserait-il de traduire les *desiderata* de la science dans le domaine des faits, et de les rendre pour ainsi dire exécutoires? Et d'ailleurs rien n'est plus utile qu'un appel fait par la représentation officielle de la statistique aux statisticiens libres, parce qu'on peut ainsi, par l'échange des vues, multiplier ses forces, et faire grandir l'arbre de la science au milieu de la vie et du mouvement universel.

Une fois arrêté comment le Congrès doit être composé, il ne nous reste qu'à définir son organisation. Et à ce propos il ne faut pas oublier que quelques-uns de nos confrères semblent douter de l'utilité d'une organisation quelconque, et qu'ils préfèrent laisser aux Congrès leur spontanéité pour que chaque Session puisse revêtir un caractère spécial et une physionomie nouvelle. Quant à moi je suis d'avis qu'une réglementation du Congrès soit indispensable à la continuitè de ses travaux et à la fixité de son but international, ce qu'on n'obtiendrait pas sans l'adoption d'une députation permanente représentant le Congrès dans l'intervalle d'une Session à l'autre, entretenant des rapports entre les différents bureaux et les membres adhérents; remplissant en un mot les fonctions de la centralité. Je ne veux pas qu'on donne à ce bureau central des attributions capables d'empêcher ou d'envahir l'action légitime des bureaux statistiques de chaque nation, mais il sera toujours utile d'avoir un point de convergence, soit pour l'envoi et la diffusion des publications, soit pour toute autre communication d'un intérêt général. A cet effet on doit choisir un des bureaux qui par sa situation topographique soit à même de nous rendre de pareils services, et parmi tous les bureaux je crois bien indiqué celui de la Suisse. Placé entre la France, l'Allemagne et l'Italie, dont elle parle les différentes langues, mais aussi à cause de sa neutralité politique, la Suisse me paraît le point le plus convenable pour y placer et y faire fonctionner le bureaux central. Le Congrès décidera quelles attributions il faut réserver à la députation permanente et comment on doit pourvoir aux dépenses, qui seraient la suite d'une augmentation de travail.

Le changement du siége du Congrès sert à unifier la science, à faire accepter l'uniformité des travaux et des observations, à favoriser la manifestation des particularités nationales. Ainsi dans les réunions de Bruxelles et de Paris on a pu apprécier l'esprit français, dans celles de Londres, de Vienne et de Berlin on a pu prendre connaissance de la nature anglaise et allemande. Cette espèce de cachet particulier à chaque Congrès, qu'on n'évite pas quoi qu'on fasse, a ses bons côtés, puisque tout en respectant l'unité de l'institution, il met en évidence les conditions morales et matérielles de chaque État. Il est naturel que là, où siége le Congrès on ait le plus grand nombre de personnes du pays; et ce n'est pas le moindre mérite de cette institution que de savoir et de pouvoir profiter de tous et de chacun.

La députation permanente, qui ne peut pas être partout, et qui ne connaît pas tout le monde, ne saurait préparer convenablement le Congrès, dont l'organisation devrait être confiée à une Commission locale. Le Ministre de l'intérieur du pays, où a lieu la réunion, en doit être le Président, lui qui est en condition d'aider l'assemblée à remplir sa tâche, et en faisant un appel à tous les éléments utiles, de nommer la Commission chargée de préparer le programme des questions à soumettre au Congrès, et de proposer toutes les dispositions propres à faciliter ses travaux.

Une fois que le Congrès est réuni, le Président résigne ses pouvoirs, qu'il reprend après que l'assemblée aura voté la constitution d'un bureau définitif.

Il est bien entendu que la députation permanente doit avoir dans son sein le Président du dernier Congrès et celui du Congrès prochain, qui peuvent se faire représenter par les Directeurs des bureaux de statistique de leurs pays respectifs. L'un des deux a la mission de remplir les engagements pris dans la précedente réunion, l'autre de relier les travaux du Congrès passé à ceux du futur.

Telles sont les idées que le soussigné se permet de soumettre à l'examen de ses Collègues de la Commission en se réservant de les développer plus amplement, quand la question sera portée devant l'Assemblée plénière.

Conformément aux idées ci-dessus exprimées, j'ai l'honneur de présenter les amendements suivants au projet d'organisation du Congrès proposé par la Commission de Berlin.

Au Ir chapitre page 13:

Le but du Congrès et les moyens d'y parvenir, *j'ajouterais,* 5° D'augmenter et de fortifier les doctrines statistiques par le contingent des nouvelles études et des expériences spéciales, qui sera fourni par chaque pays destiné à être le siége du Congrès.

Je remplacerais le III chapitre p. 15, par ceci:

III. Commission préparatoire supérieure.

6° Une Commission supérieure préparatoire est instituée par les soins de chaque gouvernement dans le pays où devra siéger le futur Congrès, et suivant les formes particulières jugées nécessaires pour que ces grandes réunions internationales soient assurées d'y fonctionner avec toute la dignité et le décorum auxquels elles ont droit.

7° Le Président et les membres de la Commission préparatoire sont nommés par le Chef de l'État, et ils restent en place jusqu'à la convocation de l'Assemblée, dont le suffrage nommera le bureau définitif du Congrès.

8° La Commission est chargée de préparer le programme à soumettre au Congrès et à proposer toutes les dispositions propres à faciliter ses travaux.

9° La Commission se partage en Sections, dont le nombre devra correspondre aux différents objets, qui seront soumis aux délibérations du Congrès.

10° La partie exécutive du service sera remplie par le Directeur du bureau local de statistique, qui devra surveiller, sous sa propre responsabilité, la rédaction et la publication des comptes-rendus officiels du Congrès et du bulletin trimestriel.

11° Avant que le programme soit définitivement arrêté par la Commission préparatoire on invitera les représentants étrangers de la statistique officielle à rédiger une liste des questions, sur lesquelles il importe de fixer les délibérations de l'Assemblée.

IV. La Direction du Congrès.

12° La direction du Congrès appartient à 9 Commissaires qui, à l'exception du Président et d'un des Vice-présidents, sont élus par l'Assemblée dans la première séance de chaque Session et restent en place jusqu'à ce que la Présidence du Congrès futur ne soit entrée en fonction.

13° La nomination du Président appartient de droit au Chef de l'État appelé à être le siége du Congrès.

14° Un des bancs de la Vice-présidence est réservé de droit au Directeur du bureau de statistique de la Suisse.

La Direction a les attributions et les pouvoirs suivants:

a) Elle fixe le lieu des réunions du Congrès en prenant en considération les vœux, qui auront été exprimés;

b) Elle nomme les membres honoraires, dont le nombre ne pourra pas dépasser le vingtième de celui des membres ordinaires;

c) Elle dirige par son Président les délibérations, maintient l'ordre dans les séances générales de la Session, fixe l'ordre du jour, en mettant en discussion et en réservant aux décisions de l'Assemblée générale les questions qui n'ont pas été proposées à l'avance par les sections.

V. Députation permanente.

15° Le Président du Congrès, le Vice-président suisse et le Directeur du bureau de statistique du pays, où doit se réunir le Congrès composent une députation, qui prend le nom de députation permanente du Congrès.

Le Président pourra, dans ces fonctions, se faire représenter par le Directeur du bureau de statistique du pays où s'est assemblé le précédent Congrès.

16° La Députation permanente a son siége à Berne, auprès de la Direction de statistique.

Les attributions de la Députation permanente sont les suivantes:

a) Elle discute et prend les arrangements nécessaires pour les réunions du Congrès, elle conserve les listes des membres ordinaires, en admet de nouveaux, perçoit les contributions, ou en demande les payements, elle pourvoit aux dépenses, enregistre les entrées et les sorties, dont elle doit rendre compte à l'Assemblée générale à chaque Session;

b) Elle soigne, entre deux Sessions, l'exécution des souhaits exprimés et celles des résolutions du Congrès. Elle en tient la correspondance, et surveille la distribution des comptes-rendus ainsi que leur envoi aux membres du Congrès; elle administre les archives et la bibliothèque; enfin elle se charge de la distribution et de l'expédition des bulletins aux membres, et contribue à en faciliter la diffusion par tous les moyens dont elle peut disposer.

c) Elle dirige la correspondance statistique internationale.

Florence, le 1er mars 1866.

Dr Pierre Maestri.

PROJET DE RÈGLEMENT

POUR

LA SIXIÈME SESSION DU CONGRÈS INTERNATIONAL DE STATISTIQUE.

I. — Formation du Congrès.

Article premier. Nul n'est admis au Congrès, s'il n'est porteur d'une carte d'admission personnelle.

Art. 2. Le bureau provisoire est formé des membres de la Commission organisatrice du Congrès.

Art. 3. L'Assemblée, dans sa première séance, nomme son bureau définitif et arrête le règlement de ses séances.

II. — Des sections.

Art. 4. L'Assemblée se partage en huit sections, chargées chacune d'examiner une ou plusieurs des matières du programme, savoir :

Ière SECTION. *Théorique et Technique de la Statistique.* — 1) Réorganisation du Congrès international. — 2) Constitution des statistiques officielles. — 3) Population légale des États. — 4) Lois relatives à la mortalité et tables modèles à l'usage des sociétés d'assurance. — 5) Nomenclature uniforme de la statistique.

IIme SECTION. *Topographie.* — 1) Organisation des stations météorologiques et formation d'une carte diurne de l'Europe. — 2) Nature, propriété et règlement observé pour l'usage des eaux. Eaux potables, eaux d'irrigation.

IIIme SECTION. *Statistique agraire.* — 1) Évaluation du revenu net des cultures. — 2) Économie du crédit foncier. — 3) Statistique du bétail. Production. Importations. Exportations.

IVme SECTION. *Statistique communale.* — Constitution démographique et économique des communes.

Vme SECTION. — Statistique de la circulation monétaire et fiduciaire.

VIme SECTION. *Statistique morale et juridique.* — 1) Les misérables. — 2) Des rapports juridiques de la famille. — 3) Statistique des faillites, et jugements relatifs, de l'influence des différents systèmes de législation sur le crédit commercial. — 4) Statistique de la contrainte par corps en matière civile et commerciale. — 5) Statistique des causes de délits. — Statistique des délits militaires et maritimes et des jugements y relatifs.

VIIme SECTION. *État militaire.* — 1) Santé et mortalité de la population civile et militaire. — 2) Enquête sur l'alimentation, l'habillement, l'équipement, le logement et le service des militaires de l'armée de terre et de mer. — 3) Exercices gymnastiques. — 4) Formulaires des tableaux pathologiques d'invalidité et de mortalité des troupes de terre et de mer. — 5) Tableaux spéciaux des maladies proportionnellement à la durée du service.

VIIIme SECTION. *Education.* — 1) Écoles de beaux-arts. — 2) Archives, Bibliothèques, Musées.

Art. 5. Chaque membre, en retirant sa carte d'admission, désigne la section à laquelle il désire appartenir ; toutefois le même membre peut prendre part aux travaux de plusieurs sections.

Art. 6. Chaque section nomme son bureau, et choisit un ou plusieurs rapporteurs chargés de faire connaître à l'assemblée générale le résultat des travaux de la dite section sur les matières confiées à son examen.

Art. 7. Les rapports doivent, autant que possible, être écrits. Il n'en est donné lecture à l'assemblée qu'après communication préalable à la section.

Art. 8. Tous les documents, notes, propositions relatifs aux travaux du Congrès doivent être distribués aux sections que ces travaux concernent.

Art. 9. Les sections se réunissent, dans le local qui leur est affecté, à neuf heures précises du matin.

III. — De l'assemblée générale.

Art. 10. L'assemblée générale se réunit, à une heure précise de l'après-midi, dans la salle de ses séances.

Art. 11. Le président a la police de l'assemblée et la direction des débats ; il arrête les ordres du jour, en se concertant avec le bureau.

Art. 12. L'assemblée vote, après discussion, sur les conclusions des rapporteurs. Tout projet d'amendement à ces conclusions doit, autant que possible, être remis, écrit et signé de son auteur, au bureau, qui le soumet à l'assemblée.

Art. 13. Le vote a lieu par assis et levé.

Art. 14. Aucune proposition en dehors des matières du programme, aucune lecture de mémoire ou de note, ne peuvent être faites à l'assemblée sans une décision du bureau.

L'ordre du jour où la question préalable peut toujours être demandé contre toute proposition incidente.

Art. 15. La durée de chaque discours ne devra, autant que possible, pas dépasser quinze minutes. Cette disposition n'est pas applicable aux rapporteurs.

La langue française ou la langue italienne pourra être employée au choix de l'orateur.

Tout membre non français pourra adresser au secrétaire de la Commission, soit avant, soit pendant la réunion du Congrès et dans la langue de son pays, l'expression de son opinion sur tout ou partie du programme ; il en sera donné communication en français, selon le cas, soit à la section intéressée, soit à l'assemblée générale.

Un ou plusieurs sténographes sont attachés à l'assemblée.

Les rapports, les propositions, les conclusions et les procès-verbaux de l'assemblée générale seront communiqués à l'assemblée en français et en italien.

Art. 16. A l'ouverture de chaque séance de l'assemblée, le secrétaire fait connaître les publications, mémoires, notes et travaux divers offerts au Congrès et relatifs à des questions de statistique. Ces documents pourront être, en vertu d'une décision du bureau, reproduits soit intégralement, soit par voie d'analyse ou d'extrait, selon les cas, dans le compte-rendu imprimé du Congrès.

www.ingramcontent.com/pod-product-compliance
Ingram Content Group UK Ltd.
Pitfield, Milton Keynes, MK11 3LW, UK
UKHW020351180726
13839UKWH00003B/1041